人工影响天气作业分析决策指挥系统市县级使用手册

主编：晁增元

内 容 简 介

人影作业分析决策指挥系统整合了相关数据资源,具有各类监测数据产品自动采集、存储管理、集成显示、交互分析、人影作业物理效果检验、人影作业服务产品制作等功能的一体化应用系统,是省、市、县三级业务人员开展人影业务工作的重要平台。

本书共分 4 章,从系统安装、功能模块、业务流程等方面,以图文并茂的方式介绍了市、县级人影作业分析决策指挥系统的操作方法,内容通俗易懂,实用性很强,可供市、县级用户在日常人影业务应用或教学培训中参考使用。

图书在版编目(CIP)数据

人工影响天气作业分析决策指挥系统市县级使用手册/晁增元主编. — 北京:气象出版社,2019.6
ISBN 978-7-5029-6979-0

Ⅰ.①人… Ⅱ.①晁… Ⅲ.①人工影响天气-指挥系统-教材 Ⅳ.①P48

中国版本图书馆 CIP 数据核字(2019)第 115341 号

RENGONG YINGXIANG TIANQI ZUOYE FENXI JUECE ZHIHUI XITONG SHIXIANJI SHIYONG SHOUCE

人工影响天气作业分析决策指挥系统市县级使用手册

出版发行:	气象出版社		
地　　址:	北京市海淀区中关村南大街 46 号	邮政编码:	100081
电　　话:	010-68407112(总编室)　010-68408042(发行部)		
网　　址:	http://www.qxcbs.com	E-mail:	qxcbs@cma.gov.cn
责任编辑:	吴庭芳　黄红丽	终　　审:	吴晓鹏
责任校对:	王丽梅	责任技编:	赵相宁
封面设计:	楠竹文化		
印　　刷:	三河市君旺印务有限公司		
开　　本:	787 mm×1092 mm　1/16	印　　张:	8.5
字　　数:	151 千字		
版　　次:	2019 年 6 月第 1 版	印　　次:	2019 年 6 月第 1 次印刷
定　　价:	70.00 元		

本书如存在文字不清、漏印以及缺页、倒页、脱页等,请与本社发行部联系调换。

编委会

指导专家：刘 军

主　　编：晁增元

编 写 组：晁增元　李朝华　邓育鹏　郝富跃

序

1958年8月8日,我国首次进行了飞机增雨作业,开创了现代人工影响天气(以下简称人影)事业发展新纪元。此后的60年,气象部门坚持科学发展、不断探索,加强人影作业体系和能力建设,努力为生态文明建设、农业防灾减灾、重大活动保障以及森林防火等提供科技支撑。2015年,中国气象局实施了人影业务现代化建设三年行动计划,目标就是通过三年时间,初步建立以国家级为"龙头"、省级为核心、市县为基础的现代人影业务体系。河北省人工影响天气办公室始终把技术进步摆在优先发展位置,广聚人影发展的技术优势和竞争优势,以云降水精细处理分析系统为核心,建立了具有人影作业条件预报、监测预警、方案设计、跟踪指挥和效果检验功能的人影作业分析决策指挥系统。

人影作业分析决策指挥系统是基于云降水精细分析系统本地移植开发建设而成。经过多年的实践完善,人影作业分析决策指挥系统实现了多种云模式产品、卫星云图、卫星反演产品、雷达、区域雨量和闪电等多种监测数据产品的"一站式"可视化操作,通过人机交互进行作业条件预报、作业条件监测、作业效果分析以及各类服务产品的制作。目前,该系统已在省、市、县三级用户推广应用,逐步成为各级人影业务部门主要的业务操作平台,在提升人影作业规范化、科学化水平方面发挥着重要的作用。

"工欲善其事,必先利其器"。为更好地发挥人影作业分析决策指挥系统集约高效和交互分析的突出特点,帮助市、县两级人工影响天气业务人员正确、熟练使用该系统,编者在总结吸收相关经验、建议的基础上编写了《人工影响天气作业分析决策指挥系统市县级使用手册》。

该书以实际业务应用为导向,以具体操作使用方法为重点,具有逻辑清晰、浅显易懂的特点,对于市、县级人影业务人员学习使用人影作业分析决策指挥系统具有很好的指导帮助作用。期望读者阅读本书后,能对人影作业分析决策指挥系统有较为全面、深入的认识,提高应用水平。通过广大人影工作者的不懈努力,不断提高作业能力、管理水平和服务效益,为经济社会发展和人民群众福祉安康提供坚实保障,在生态文明建设中发挥积极作用!

河北省人工影响天气办公室主任　李宝东

2019 年 6 月

前　言

云和降水的实时精细分析技术在天气、气候、环境以及人工影响天气(下简称人影)等诸多领域的研究和业务中具有重要作用。由中国气象局人工影响天气中心自主研发的云降水精细分析系统(Cloud Precipitation Accurate System,简称CPAS),已移植多省份并实现了本地化,成为各类人影业务系统的核心技术平台。该系统提供了常规气象探测资料、多种云模式产品、卫星、雷达和闪电等资料的显示,并在此基础上实现了作业条件的预报、作业条件监测、作业潜力区识别、作业监控和效果分析等功能,为更加科学有效地开展人工影响天气作业提供了技术支撑。

河北省人影作业分析决策指挥系统是基于云降水精细分析平台,并遵循河北省人工影响天气综合业务系统总体结构的要求,本地移植开发建设而成,是具有数据和产品采集、集成显示、交互分析、物理效果检验、服务产品制作等功能的一体化应用系统。根据省、市、县三级人影业务流程的要求,采用差别化模块设计,以满足不同层级的人影业务需求。

本书以用户的视角,重点介绍了市、县级人影作业分析决策指挥系统的功能和操作方法。图文并茂,通俗易懂,实用性很强,有助于人影业务人员更好、更快地掌握该系统的使用方法。全书分为4章:第1章从县级系统安装运行的软硬件环境、安装过程中关键设置项、数据源磁盘映射操作方法等方面进行介绍;第2章着重介绍系统初始化配置、多种监测数据产品的采集和显示功能的操作方法,力求便于用户快速掌握系统基础功能的操作技能;第3章以图文并茂的撰写方式详细介绍了市、县级系统的各个功能模块的基本用处和使用方法,是本书的核心组成部分;第4章在简要介绍人影"五段式"业务流程的基础上,着重介绍了市、县两级业务人员借助本系统完成相关业务任务的工作流程和具体操作方法。

本书的编写由李朝华负责组织落实,编写大纲、统稿、定稿由晁增元负责。参与编写人员有晁增元、李朝华、邓育鹏、郝富跃。本书在编写过程中得到了河北省人工影响天气办公室李宝东主任、石家庄市气象局于占江局长和刘军副局长以及北京辰景科技有限责任公司相关专家的悉心指导和热心帮助,在此致以最诚挚的感谢。期望这本凝聚了大家心血的书籍,能够给读者在使用人影作业分析决策指挥系统的过程中带来一定的帮助。

因时间和水平有限,纰漏和错误在所难免,敬请读者指正并交流相关技术。

作者

2019 年 3 月

目　　录

序
前言

第 1 章　系统安装 ……………………………………………………………（1）
1.1　安装环境 …………………………………………………………………（1）
1.2　一键安装 …………………………………………………………………（1）
1.3　分步安装 …………………………………………………………………（4）
1.4　杀毒软件的设置 …………………………………………………………（9）
1.5　数据源磁盘映射 …………………………………………………………（10）

第 2 章　快速入门 ……………………………………………………………（14）
2.1　数据采集设置 ……………………………………………………………（14）
2.2　系统界面简介 ……………………………………………………………（17）
2.3　系统初始化配置 …………………………………………………………（18）
2.4　雷达数据显示 ……………………………………………………………（23）
2.5　雨量数据显示 ……………………………………………………………（29）
2.6　探空数据显示 ……………………………………………………………（31）
2.7　自动站资料显示 …………………………………………………………（33）
2.8　闪电数据显示 ……………………………………………………………（35）
2.9　卫星云图显示 ……………………………………………………………（38）
2.10　卫星反演产品显示 ………………………………………………………（41）
2.11　模式产品显示 ……………………………………………………………（43）

第 3 章　进阶教程 ……………………………………………………………（45）
3.1　数据采集存储管理 ………………………………………………………（45）
3.2　系统参数设置 ……………………………………………………………（48）
3.3　数据目录配置 ……………………………………………………………（49）
3.4　数据导入 …………………………………………………………………（51）
3.5　雷达数据指标设置 ………………………………………………………（53）

3.6 增雨作业预警 ……………………………………………………………… (55)
3.7 防雹作业预警 ……………………………………………………………… (59)
3.8 增雨作业参数计算 ………………………………………………………… (60)
3.9 防雹作业参数计算 ………………………………………………………… (62)
3.10 影响/对比区确定 ………………………………………………………… (62)
3.11 雨量累积计算 …………………………………………………………… (66)
3.12 雨量产品显示 …………………………………………………………… (68)
3.13 增雨量计算 ……………………………………………………………… (69)
3.14 直观对比分析 …………………………………………………………… (71)
3.15 效果分析报制作 ………………………………………………………… (74)
3.16 地图浏览 ………………………………………………………………… (76)
3.17 通用分析 ………………………………………………………………… (76)
3.18 辅助功能 ………………………………………………………………… (94)
3.19 专题图片制作 …………………………………………………………… (99)
3.20 空间查询 ………………………………………………………………… (100)

第4章 业务流程 …………………………………………………………… (103)

4.1 作业指挥业务流程简介 …………………………………………………… (103)
4.2 市级业务流程 ……………………………………………………………… (103)
4.3 县级业务流程 ……………………………………………………………… (117)

附录 A 数据源路径 …………………………………………………………… (119)

附录 B 常见故障 ……………………………………………………………… (123)

附录 C 人影年度作业公告模板 ……………………………………………… (125)

附录 D 人影作业公告模板 …………………………………………………… (126)

第 1 章　系统安装

以县级人影作业分析决策指挥系统为主要对象,介绍了系统运行的软硬件环境、安装过程中关键设置项、数据源磁盘映射等方面的操作使用方法。

1.1　安装环境

软件环境:

推荐使用 Windows 7 旗舰版/专业版操作系统。

硬件环境:

CPU:E3 系列(或相同性能的其他处理器)及以上(最低)或 I5(或相同性能的其他处理器)及以上(推荐)。

内存:2G 及以上(最低)或 8G 及以上(推荐)。

硬盘:500G 及以上(最低)或 1T 及以上(推荐)。

运行环境:

需要 Microsoft .Net Framework 4.5 的支持,部分 Windows 7 及以上版本的操作系统已包含了 Microsoft .Net Framework 4.5 及以上版本,因此,不必再自行安装。

> 提示:Windows XP 不支持 CIMISS 所需的.net4.5 环境的安装。

1.2　一键安装

1. 选择 安装.exe 文件单击右键,在右键菜单中选择"属性"。在"属性"对话框中勾选"以兼容模式运行这个程序""以管理员身份运行此程序"。如图 1.2.1 所示。

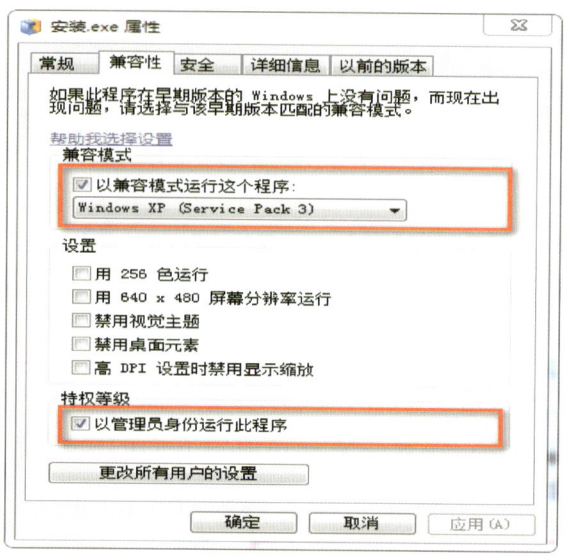

图 1.2.1

2. 双击""文件,弹出运行界面如图 1.2.2 所示。

图 1.2.2

3. 点击"一键安装"按钮,按照缺省步骤直至安装完成。
4. 程序自动跳转到许可文件安装时,仍然按照缺省步骤进行安装。
5. 运行至安装"河北省县级人影作业分析决策指挥系统"时,点击"更改"按钮,安装路径设置为 D:\auroview\。其他按照缺省步骤安装,直至安装完成。如图 1.2.3 所示。

提示：C 盘是 Windows7 操作系统的系统盘，存在不可写入文件的情况，故系统的安装路径尽量不要设置为 C 盘。

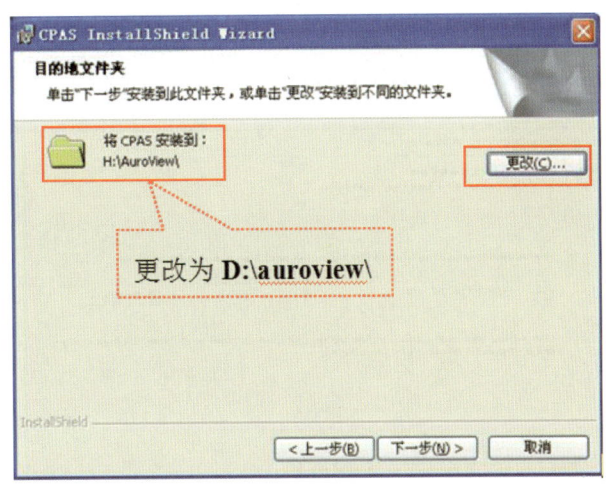

图 1.2.3

6. 在安装包中双击" "文件，然后按照缺省步骤直至安装完成。

提示：若本机已经安装该版本或更高版本，此步骤可省略。

全部安装完成后，计算机桌面显示 2 个快捷方式图标，其中一个快捷方式图标名称是"数据采集"，另一个快捷方式图标名称是"云降水精细分析系统"。如图 1.2.4 所示。

图 1.2.4

1.3 分步安装

1.3.1 Runtime 安装

1. 打开""文件夹,双击""文件,如图 1.3.1 所示。

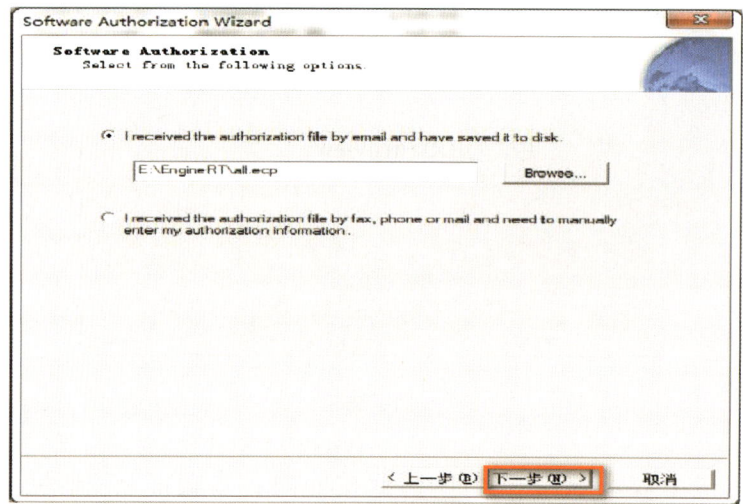

图 1.3.1

2. 单击"下一步",如图 1.3.2 所示。

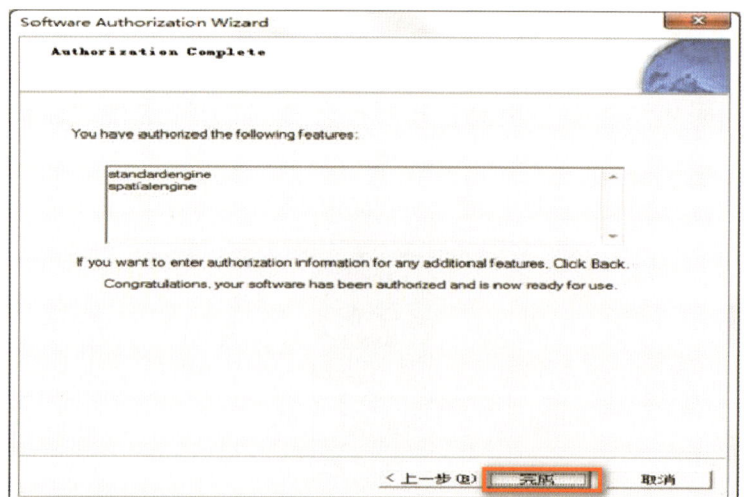

图 1.3.2

3. 点击"完成",即完成 Runtime 许可安装。

1.3.2 县级 CPAS 系统安装

1. 双击"![setup.exe]"文件,显示如图 1.3.3 所示。

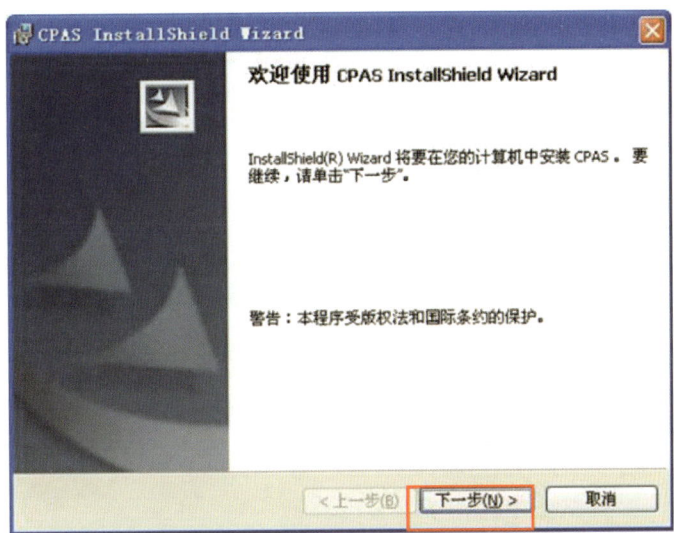

图 1.3.3

2. 单击"下一步",如图 1.3.4 所示。

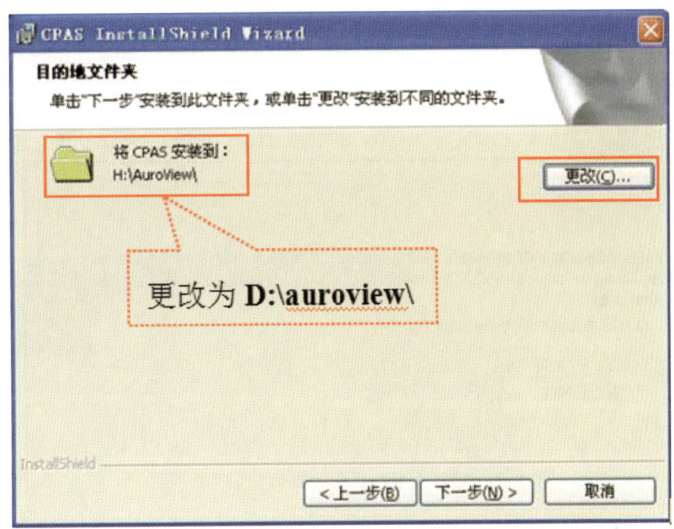

图 1.3.4

3. 点击"更改"按钮,将安装路径设置为 D 盘,如图 1.3.5 所示。
4. 单击"确定"按钮,如图 1.3.6 所示。
5. 单击"下一步",如图 1.3.7 所示。

图 1.3.5

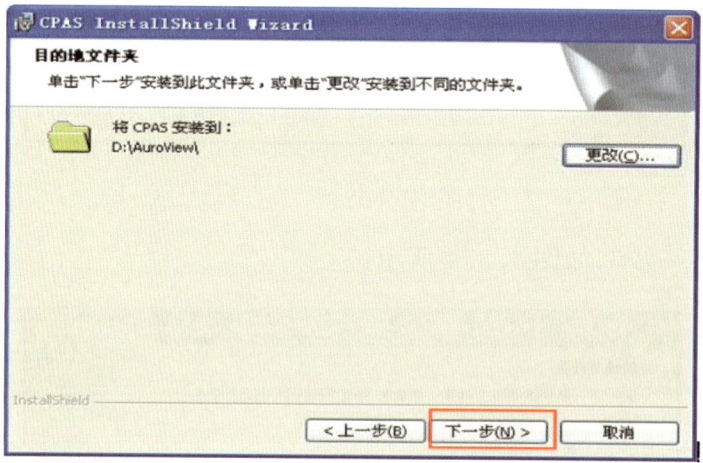

图 1.3.6

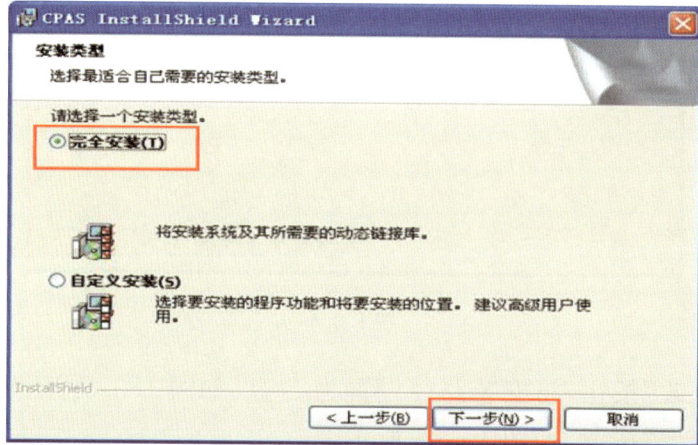

图 1.3.7

6. 选择"完全安装",点击"下一步",如图 1.3.8 所示。

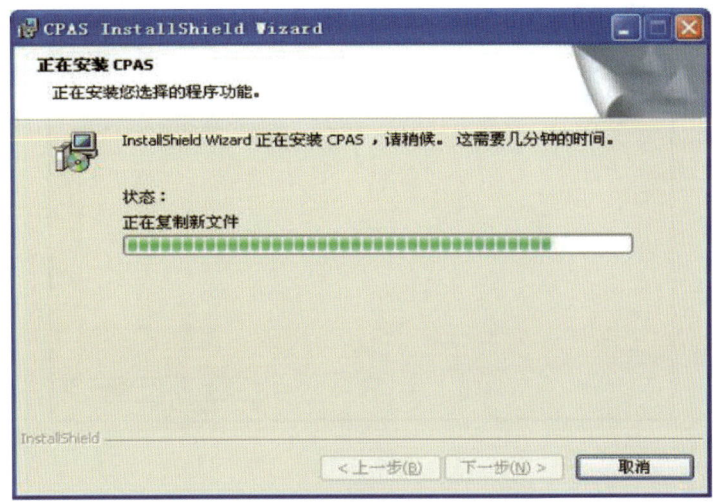

图 1.3.8

提示:若安装过程中杀毒软件弹出警告提示框,则选择"允许程序所有操作",如图 1.3.9 所示。

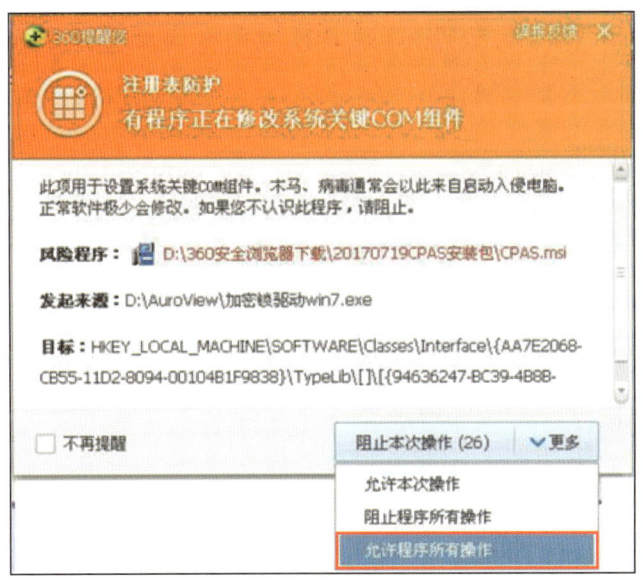

图 1.3.9

7. 安装完成后,在显示的对话框中点击"完成"按钮完成系统的安装,同时自动转入驱动程序安装进程,如图 1.3.10 所示。

图 1.3.10

8. 点击"下一步",显示安装进度直至完成,如图 1.3.11 所示。

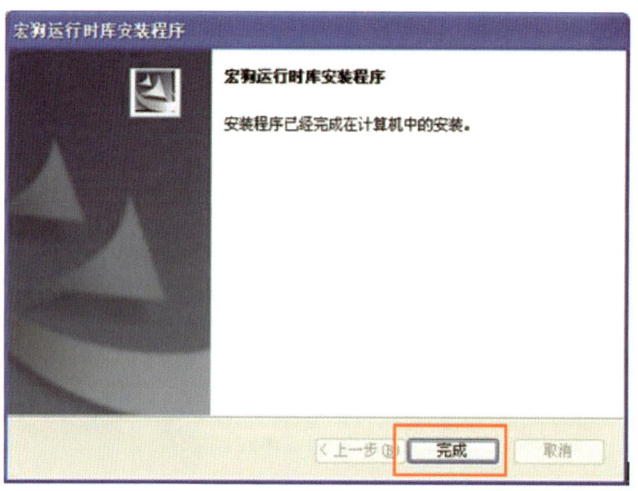

图 1.3.11

9. 点击"完成",完成驱动程序安装。

1.3.3 ".net 4.5"安装

此步骤可参照"1.2 一键安装"中的方法操作即可。

全部安装完成后,计算机桌面显示 2 个快捷方式图标,其中一个快捷方式图标名称是"数据采集",另一个快捷方式图标名称是"云降水精细分析系统"。如图 1.3.12 所示。

图 1.3.12

1.4 杀毒软件的设置

安装完成后,要将安装目录下的"数据采集.exe"和"CPAS.exe"文件添加到杀毒软件的信任程序列表中,否则杀毒软件会将上述文件视作病毒删除。

1. 打开 360 安全卫士,如图 1.4.1 所示。

图 1.4.1

2. 切换到"查杀修复",选择"信任区"。如图 1.4.2 所示。

图 1.4.2

3. 点击"添加文件",将安装目录下的"数据采集.exe"和"CPAS.exe"文件添加到信任区。如图1.4.3所示。

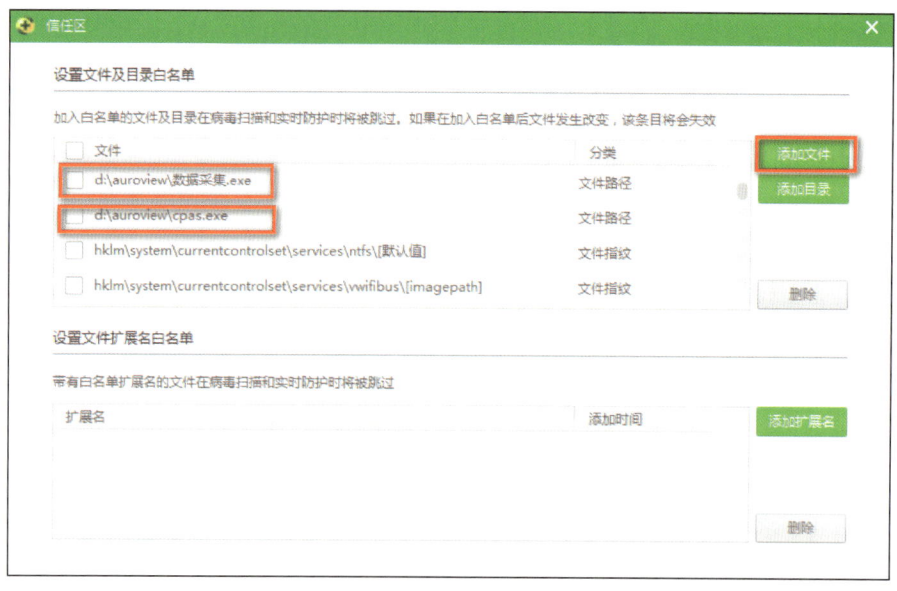

图1.4.3

1.5 数据源磁盘映射

1.5.1 雷达、探空数据源映射

1. 方法(1):用快捷键"win + R"打开"运行"对话框,然后输入"\\10.48.36.35",然后点击"确定",如图1.5.1所示。

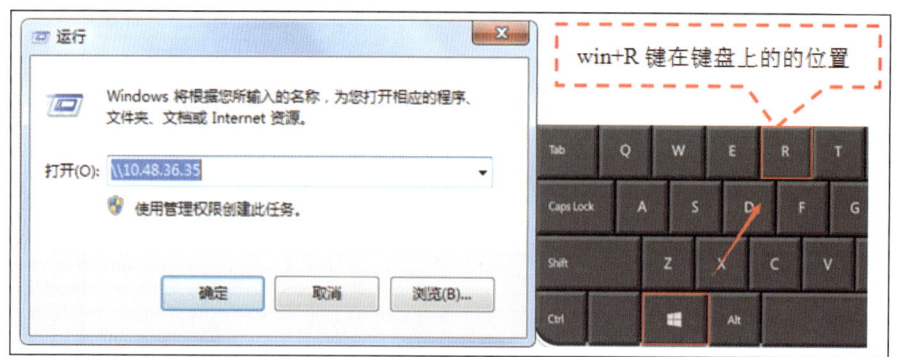

图1.5.1

方法(2):在地址栏中输入"\\10.48.36.35",然后回车。

2. 在共享目录"sys"上单击右键,在右键菜单中选择"映射网络驱动器",如图 1.5.2 所示。

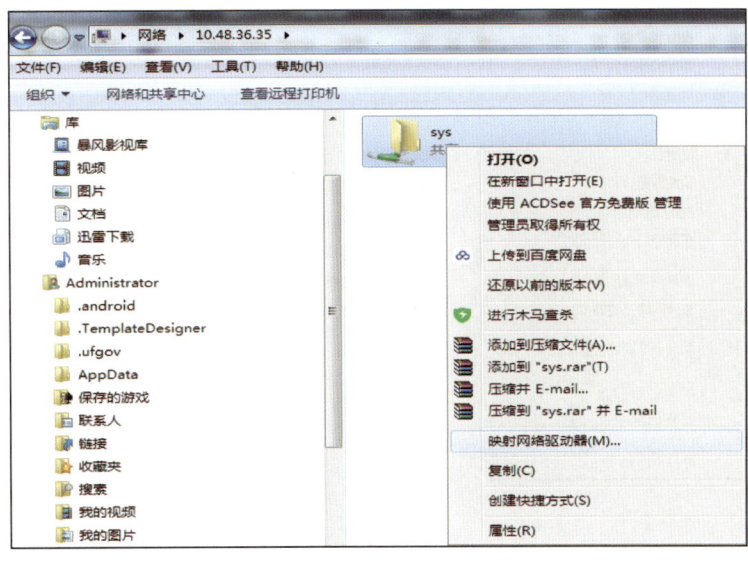

图 1.5.2

3. 在弹出的 Windows 安全提示对话框中输入 10.48.36.35 计算机的用户名:getdown,密码:getdown123,并勾选"记住我的凭证"。如图 1.5.3 所示。

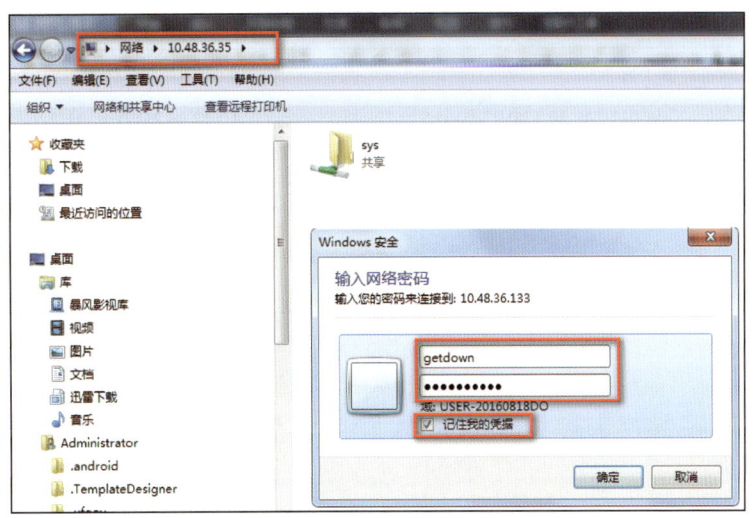

图 1.5.3

1.5.2 自动站数据源映射

在计算机图标上单击右键选择(如图 1.5.4 中的①所示)"映射网络驱动器",弹出图 1.5.4 中的②所示对话框,在"文件夹"输入框中输入:"\\10.48.36.133\

RTdata1\qxt",然后在弹出对话框中输入用户名:qxtreader,密码:read。

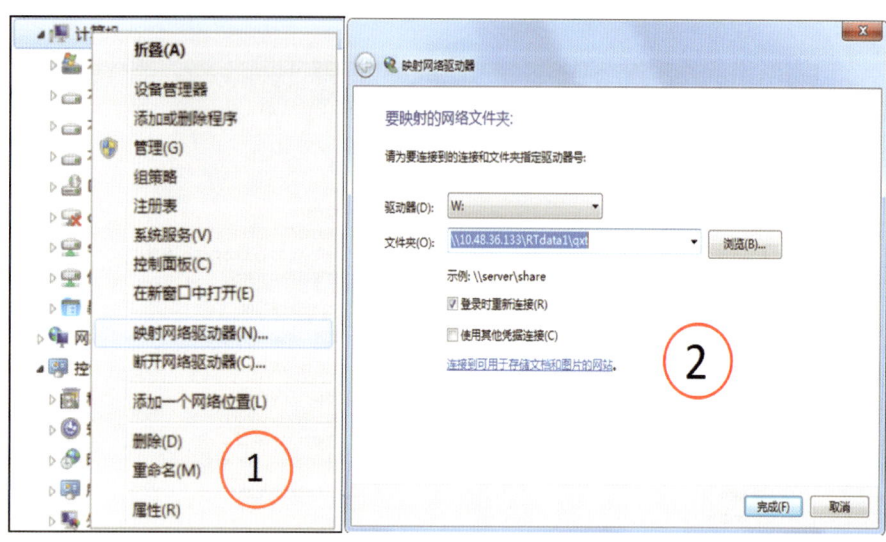

图 1.5.4

> **提示:** 数据源磁盘映射完成后,在计算机资源管理器的界面就会出现映射磁盘,如图 1.5.5 所示。

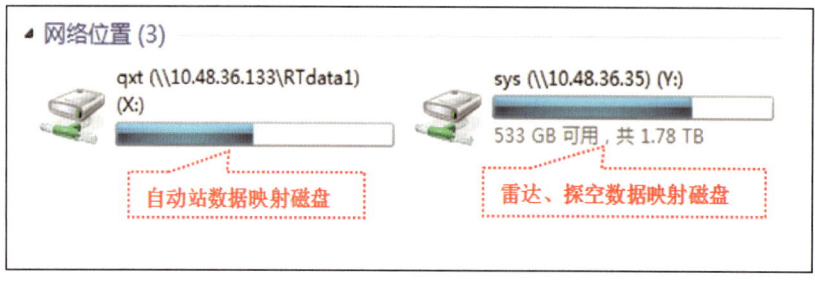

图 1.5.5

系统的区域自动站雨量数据直接从 CIMISS 接口中自动获取,用户无需做任何设置。

扩展知识

CIMISS 是指"全国综合气象信息共享平台"(China Integrated Meteorological Information Service System)。于 2016 年 12 月 20 日正式业务化运行,是由 1 个国家级中心和 31 个省级中心组成的,集数据收集与分发、质量控制与产品生成、存储管理、共享服务、业务监控于一体的气象信息共享业务系统,所有省级中心通过全国气象业务网联结成一个物理分布、逻辑统一的信息共享平台。CIMISS 实现约 263 种基础数据资源、CIPAS(Climate Information Processing and Analysis System,即气候信息处理与分析系统)数据资源、灾害数据等管理,形成国省一致的实时、历史长序列数据在线服务能力。

第 2 章 快速入门

监测数据产品的实时采集和显示是本系统的核心功能之一,也是实现人机交互分析功能的关键基础。快速掌握系统初始化配置、多种监测数据产品的采集和显示功能的具体操作方法,是熟练运用本系统的入门技巧。

2.1 数据采集设置

根据市、县两级人影业务任务的差异,系统采集和显示的监测数据产品的种类也略有不同,如表 2.1.1 所示。

表 2.1.1

采集内容	使用权限
模式产品(MM5_CAMS、Grapes_CAMS)	市级
卫星云图(FY-2D\2E\2G)	市级
卫星反演产品	市级
MICAPS 资料(高空场、地面场、T639)	市级
Swan 外推	市级
雷达压缩基数据	市级、县级
L 波段探空秒数据	市级、县级
自动站观测	市级、县级
雨量	市级、县级
闪电	市级、县级

现以县级系统为例,介绍数据采集存储管理系统的设置方法。

提示: 系统设置前务必在计算机上插好 U 盘加密狗,否则会提示软件认证失败!

1. 双击桌面"▦"图标，启动数据采集程序。

2. 点击"采集设置"选项，然后选择"基数据_压缩"数据项，点击"设置"按钮，系统自动打开雷达站点文本文件。根据实际需要保留相应的雷达站点（如9311，石家庄），其他站点可以删除。如图2.1.1所示。

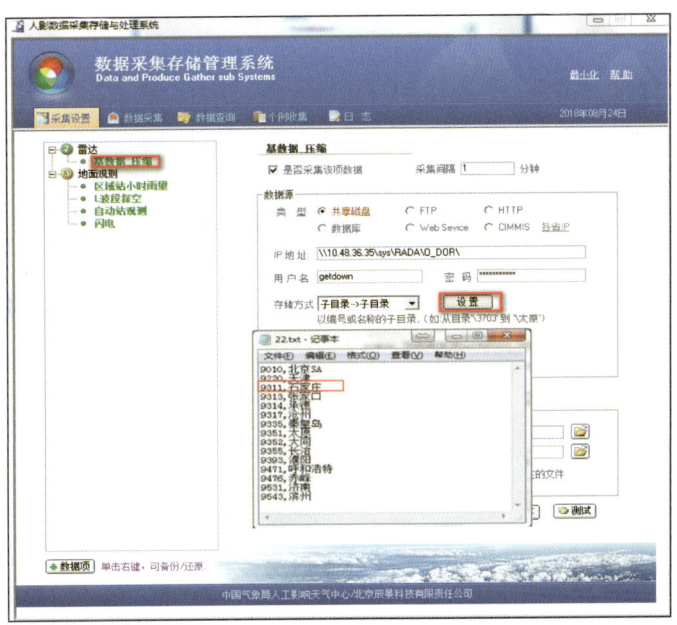

图 2.1.1

采集的数据产品种类通过"数据项"按钮进行设置。如图2.1.2所示。

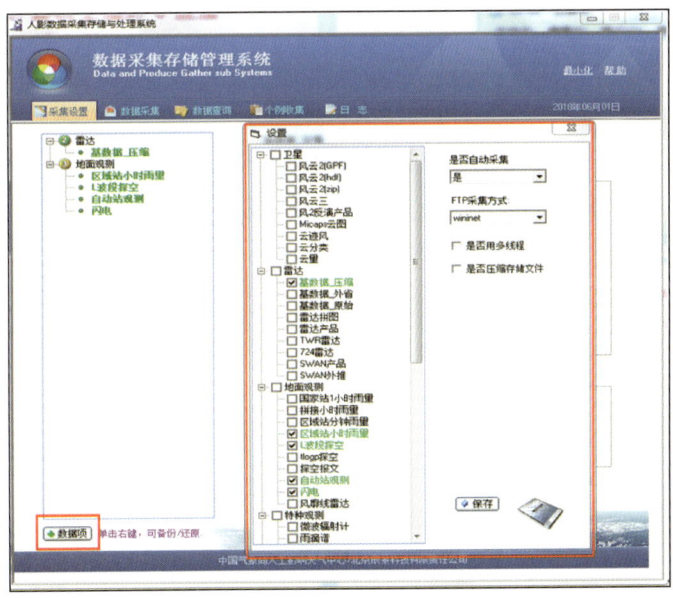

图 2.1.2

提示：县级系统需采集的数据包括：雷达基数据、区域站小时雨量、L波段探空、自动站观测、闪电。

3. 点击"数据采集"选项，然后点击"自动"子选项卡，勾选"是否开启自动采集"，程序开始采集数据，如图2.1.3所示。

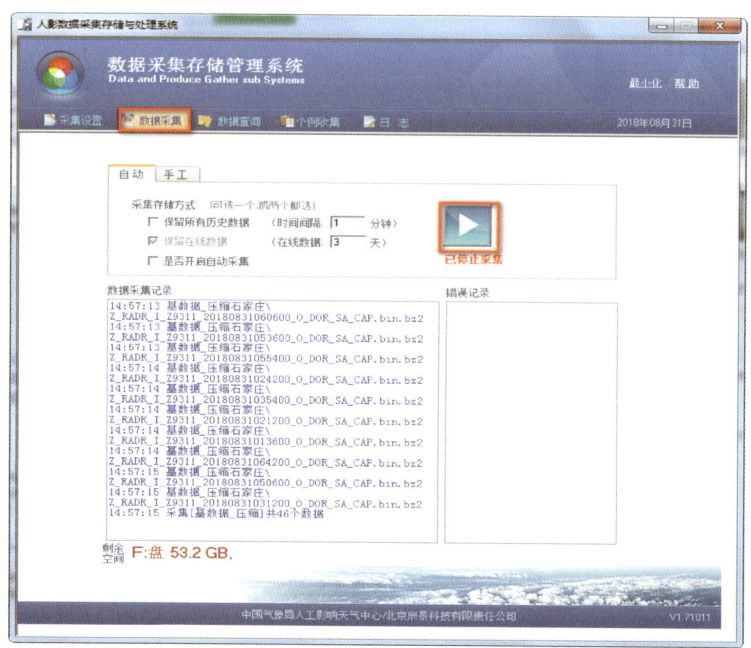

图 2.1.3

提示：若要检测数据产品的数据源设置是否正确或网络连接是否成功，则先选择相应的数据产品，然后点击"测试"按钮。若连接正确，则弹出"连接成功"的信息框，否则显示"连接失败"。如图2.1.4所示。

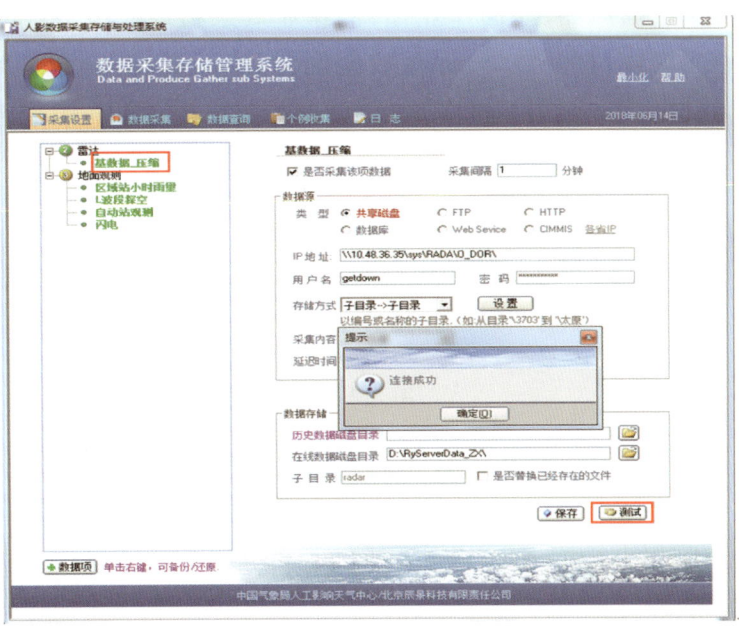

图 2.1.4

2.2 系统界面简介

县级系统界面如图 2.2.1 所示。

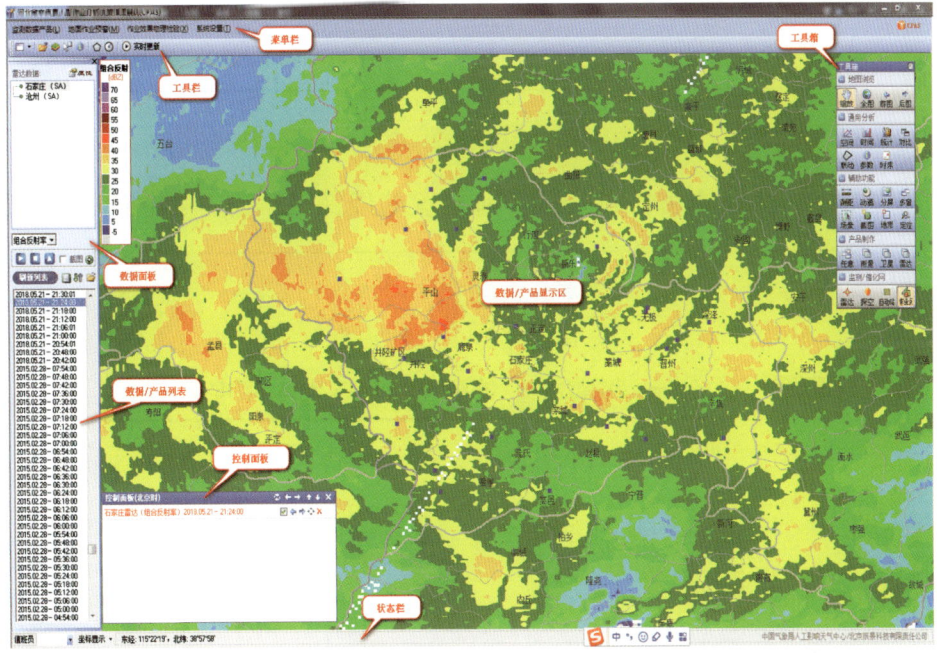

图 2.2.1

菜单栏：监测数据产品、地面作业预警、作业效果物理检验、系统设置。

工具栏：界面窗体、打开数据、保存数据配置、空间查询、行政区定位、作业区/对比区判定、实时更新。如图 2.2.2 所示。

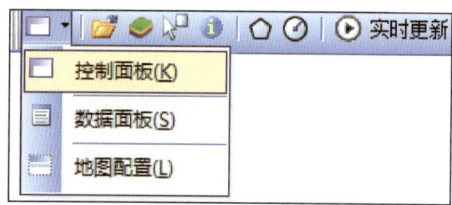

图 2.2.2

数据产品列表：显示当前在线数据，在数据列表中双击左键，选择数据，进行显示。

工具箱：提供地图浏览、交互分析、辅助功能、图片产品制作、监测/催化网的显示隐藏等功能。

控制面板：提供数据产品的显示、隐藏、叠置顺序调整、移除数据等操作。如图 2.2.3 所示。

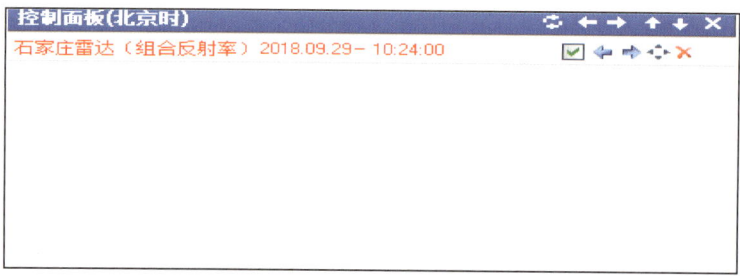

图 2.2.3

状态栏：显示值班员姓名和鼠标当前位置的经纬度信息。如图 2.2.4 所示。

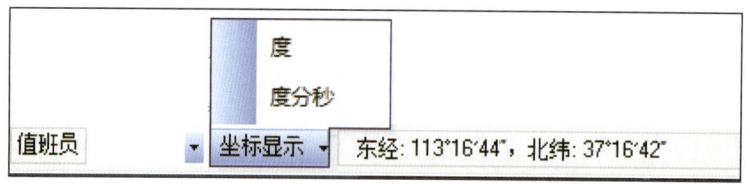

图 2.2.4

2.3 系统初始化配置

现以县级系统为例，介绍系统初始化配置的操作方法。

2.3.1 雷达站点设置

> **提示：** 首次进入系统时，需设置本地的雷达数据。

1. 双击桌面" ![icon] "图标运行系统。选择"系统设置→参数配置"菜单，弹出参数配置对话框。如图 2.3.1 所示。

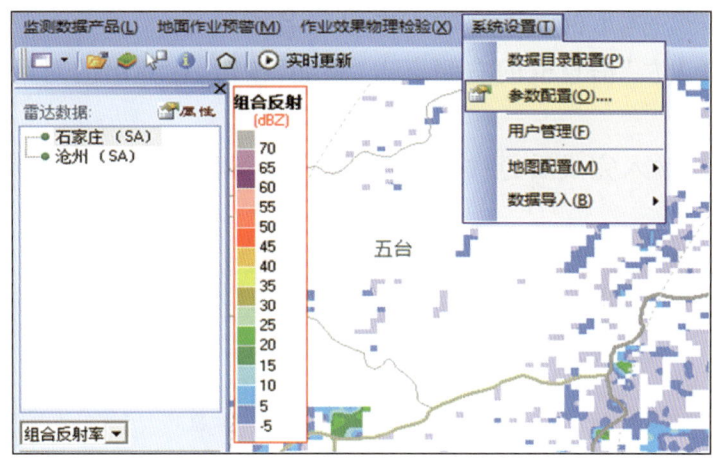

图 2.3.1

2. 在选项对话框中选择"雷达设置"，然后在"加载的雷达"列表中勾选所需的雷达站点，完成后点击"保存设置"按钮。如图 2.3.2 所示。

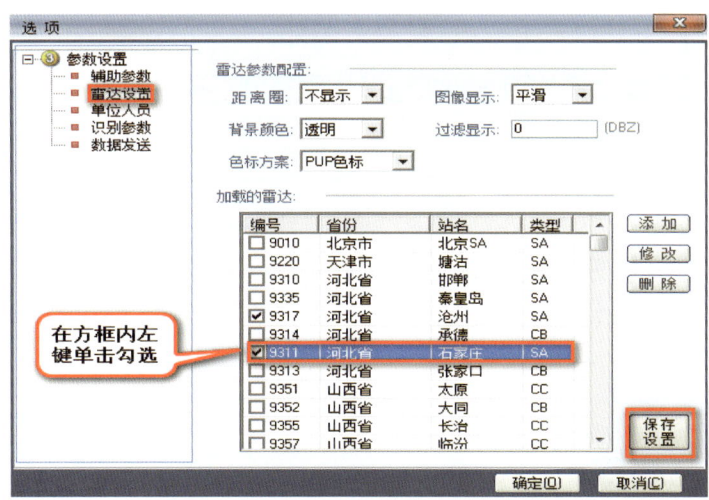

图 2.3.2

2.3.2 单位名称和值班人员设置

> **提示:** 因为在各种制图产品输出时,一般在产品右下角显示制作单位的名称,因此,需要先设置单位名称;在作业潜力区交互修订等业务应用时增加值班人员,以便区分各时段值班人员,因此,需要先设置值班人员姓名。

1. 在选项对话框中选择"单位人员"。
2. 在"单位名称"下的文本框输入本单位名称。
3. 在"值班人员"信息框的右侧点击"添加"按钮,在弹出的对话框中输入人员信息。
4. 所有信息输入完成后,点击"确定"按钮进行保存。如图 2.3.3 所示。

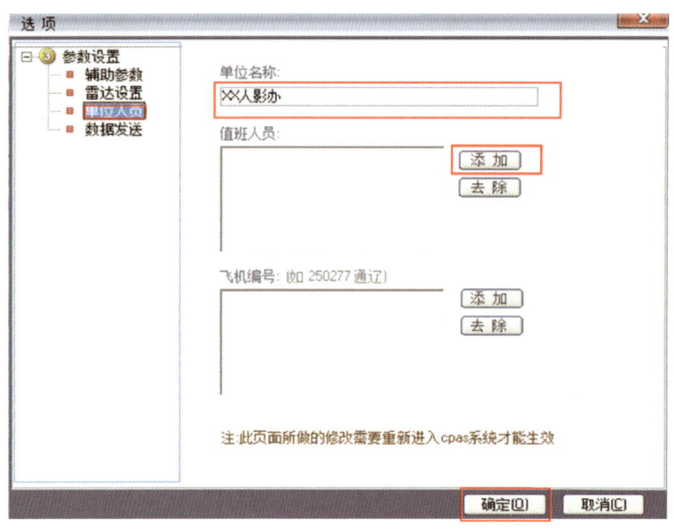

图 2.3.3

> **提示:** 保存的信息只有重新进入系统时才能生效。

2.3.3 数据目录设置

1. 双击桌面" "图标进入系统,选择"系统设置→数据目录配置"菜单。如图 2.3.4 所示。

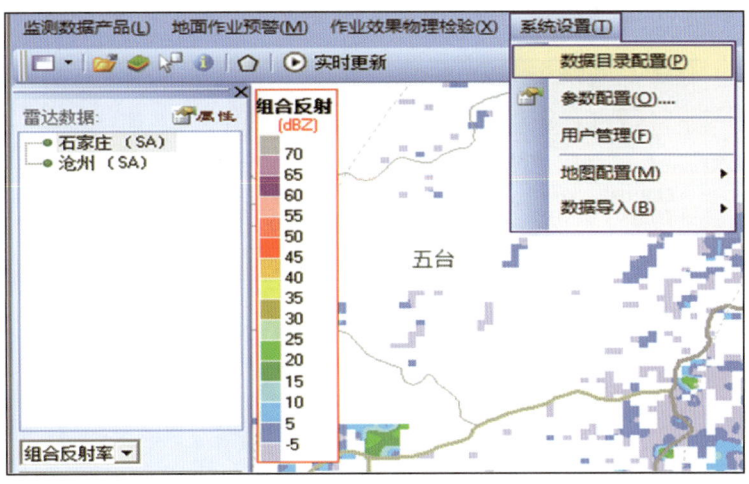

图 2.3.4

2. 在选项对话框中选择"批量配置"按钮,弹出文件选择对话框中选择实时数据库(D:\RYserverData_ZX),如图 2.3.5 所示。

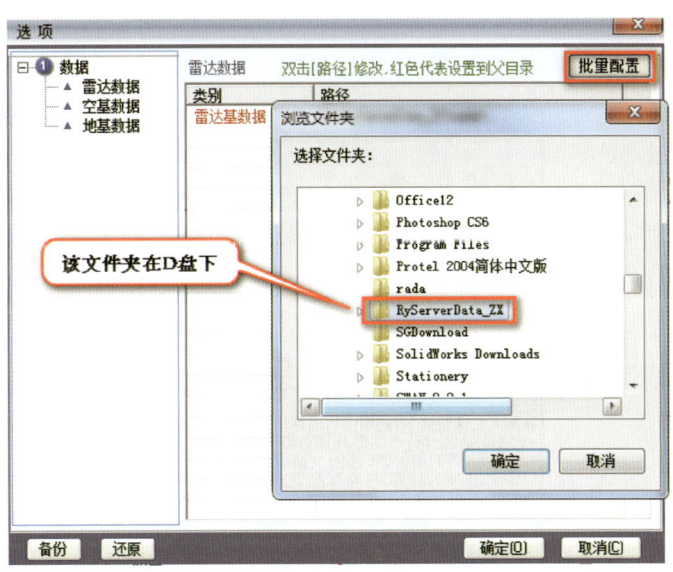

图 2.3.5

3. 点击"确定"按钮进行保存。

2.3.4 作业点信息导入

提示: 导入本地作业点数据,以便在系统中显示作业站点信息。

1. 选择"系统设置→数据导入→导入作业站点"菜单。如图2.3.6所示。

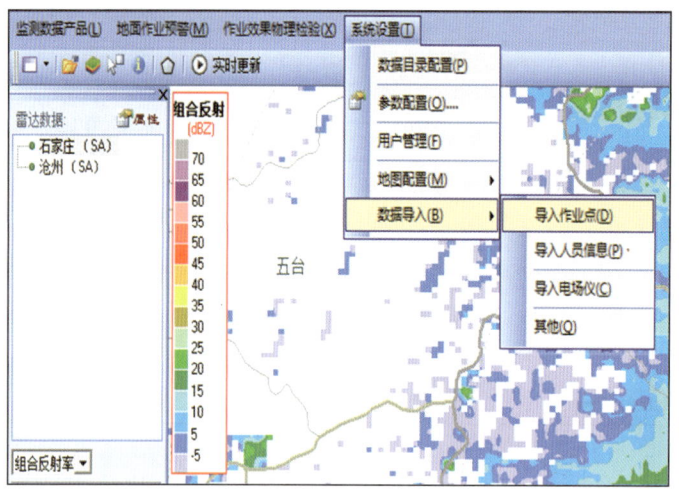

图 2.3.6

2. 弹出"文件导入"对话框,在文件路径处点击" "按钮,选择待导入的作业站点的 txt 文件。如图 2.3.7 所示。

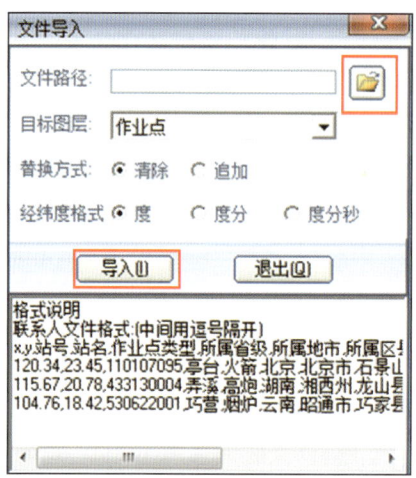

图 2.3.7

3. 经纬度格式根据实际情况选择"度""度分"或"度分秒"的表示方式。
4. 替换方式选择:"清除"是指将数据库中原有作业站点信息全部删除;"追加"是指在原有作业站点信息的基础上增加导入文件中新的作业站点信息。
5. 点击"导入"按钮,将作业站点信息导入系统数据库。

提示： 作业点信息的文件格式为 txt。文件的第一行为格式说明，不能缺少；每列以 英文逗号 分隔。包含以下主要内容：站号，站名，国家编码，x，y，z，作业方式，作业点类型，所属省级，所属地市，所属区县，所在村镇，飞行管制分区，联系人，联系电话。

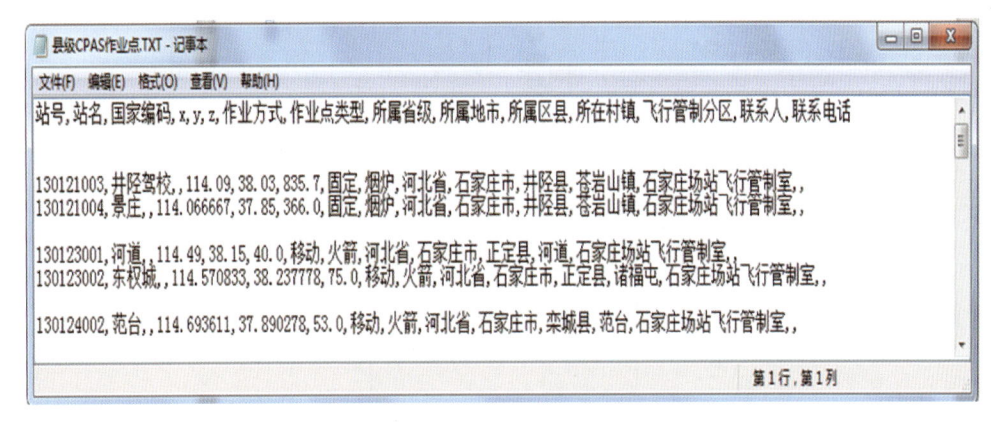

提示： 若要自行修改作业站点信息，上述内容可以根据实际情况进行删减，但被删除内容后面的 英文逗号不能删除！！ 例如：某个作业点的"国家编码"可以为空，但此项内容后面的英文逗号务必保留。如下图所示。

2.4 雷达数据显示

现以县级系统为例，介绍雷达数据显示的操作方法。

2.4.1 雷达数据显示

1．双击桌面" "图标进入系统。选择"监测数据产品→雷达数据"菜单。如图 2.4.1 所示。

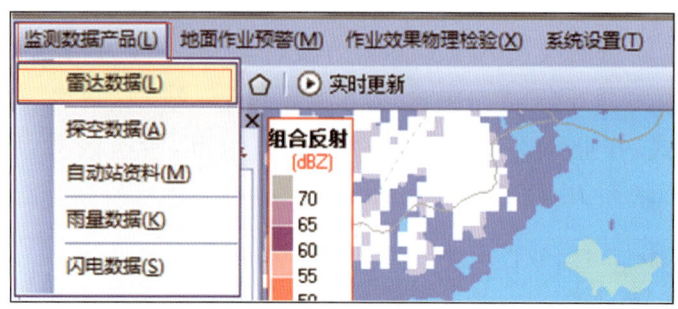

图 2.4.1

2. 雷达数据选择本地雷达,如石家庄(SA)。如图 2.4.2 所示。

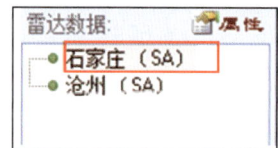

图 2.4.2

3. 选择雷达产品类型,设置对应的仰角、高度、dBZ 值等参数。产品包括:回波强度、回波速度、CAPPI、组合反射率、VIL、回波顶高、PPI。如图 2.4.3 所示。

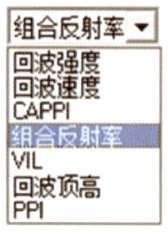

图 2.4.3

选择"回波强度"或"回波速度"产品时,后面的下拉菜单可以选择不同的仰角,如图 2.4.4 所示。

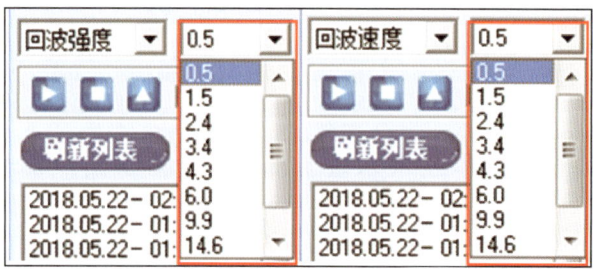

图 2.4.4

选择"CAPPI"产品时,后面的信息框内可以设定不同的海拔高度值,如：1000m 或 3000m 等。如图 2.4.5 所示。

图 2.4.5

选择"回波顶高"产品时,后面的信息框内可以设定不同的回波强度值 dBZ,如：18dBZ 或 30dBZ 等等。如图 2.4.6 所示。

图 2.4.6

选择"PPI"产品时,后面的信息框内可以设定不同的仰角值,如：0.5°或 2.5°等等。如图 2.4.7 所示。

图 2.4.7

4. 在雷达数据列表中双击左键选择相应时次的数据,数据显示区就能显示出该时次的雷达回波产品。如图 2.4.8 所示。

图 2.4.8

2.4.2 雷达产品动画显示

1. 在数据列表中,按住"shift"键后,单击左键选择多个雷达数据,如图 2.4.9 所示。

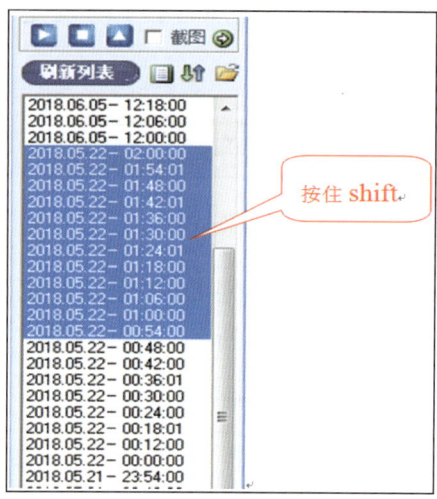

图 2.4.9

2. 如果需要做 GIF 动画,则需要勾选"截图",并且要设置播放截屏存放的路径,如图 2.4.10 所示。

图 2.4.10

3. 单击" ▶ "按钮进行播放;单击" ● "按钮停止播放。如图 2.4.11 所示。

图 2.4.11

扩展知识

(1)dBZ 和 Z 的关系

"Z"是指雷达反射因子,与雨滴谱直径的六次方成正比,单位是 mm^6/m^3;"dB"即分贝,是一个运算符号。dBZ 和 Z 的换算关系是:dBZ = 10 lg(Z)。dBZ 和 Z 值对照如表 2.4.1 所示。

表 2.4.1

dBZ	−32	−10	0	10	30	53
Z(mm^6/m^3)	0.000631	0.1	1	10	1000	199526

(2) PPI 产品

PPI(plan position indicator,平面位置显示器,简称平显)是指雷达以固定的仰角扫描 360°后获取的以雷达天线为顶点的一个锥面上的回波信息。然后将这些回波信息以极坐标的形式(以雷达为中心),用不同的彩色色标表示数据大小和方向而形成的图像,并显示出来的产品。PPI 产品生成示意图如图 2.4.12 所示。

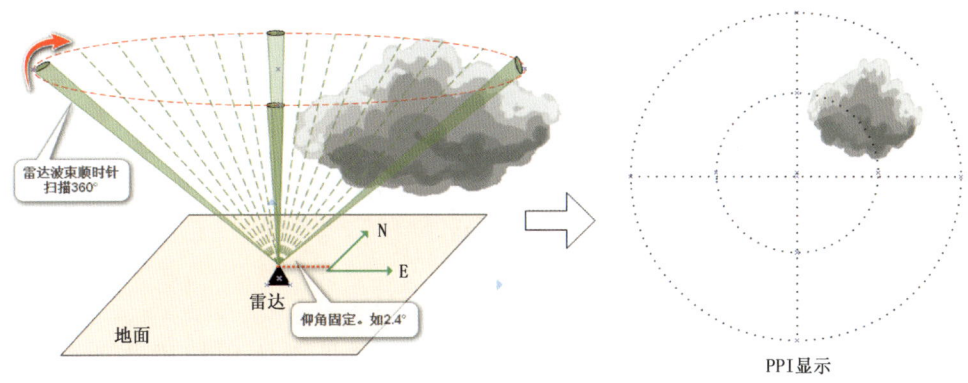

图 2.4.12

PPI 回波图会标出扫描时的仰角,这是传统的雷达回波显示方式。按照获取数据的性质,这种产品有回波强度、径向速度和速度谱宽三种形式。本产品可以分析估计风向风速以及其随高度的分布情况;利用回波的分布特征分析强对流和长时间降水等天气系统。

(3) CAPPI 产品

CAPPI(constant altitude PPI,即等高平面位置显示器)是指雷达以不同的仰角分别作全方位扫描探测(简称体积扫描)时,所获取的是球坐标形式的三维数据,它实际上由不同仰角的 PPI 数据组合而成。按照用户设定的海拔高度,应用测高公式,选取临近该高度平面上的上下两个仰角上的探测数据,然后用插值算法方法得到该高度上的数据,用这种方法得到的图像产品即为 CAPPI 产品。

CAPPI 产品显示的回波图像的高度相等,可以较为方便地分析某个高度上回波的水平分布情况;用不同高度上的 CAPPI 数据还可以了解回波的三维结构。

(4) RHI 产品

RHI(rang height indicator,即距离高度显示器,简称高显)是指雷达以固定的方位角作俯仰扫描的方式获取的数据,然后以雷达站点为坐标原点的极坐标中,用不同的色标来表示数据的大小和方向而显示的图像产品。

RHI 产品显示的是用户设定的方位上,其回波强度、径向速度和速度谱宽三种信息随高度分布的情况,从而直接分析出这三种信息的垂直结构。RHI 产品生成示意图如图 2.4.13 所示。

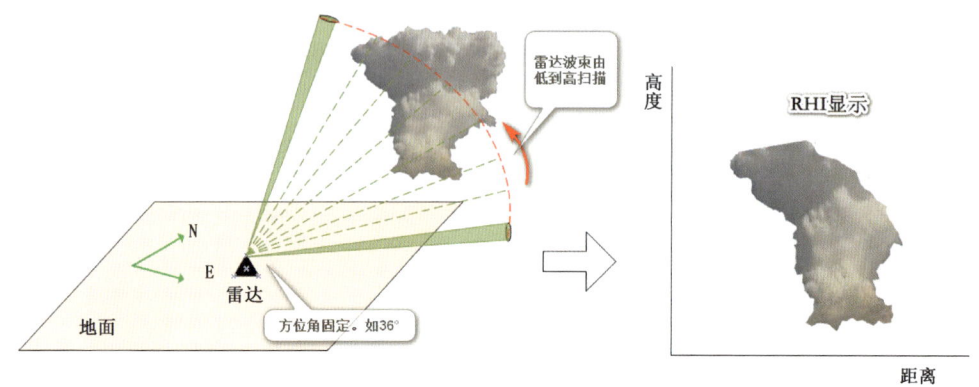

图 2.4.13

(5)CR 产品

CR(composite reflectivity,即组合反射率因子)是用体积扫描获取的回波强度数据,在以一定大小(1km×1km 或 2km×2km)为底面积,直到回波顶部的垂直柱体中,对所有位于该柱体中的回波强度资料进行比较,挑选出最大值,并用测高公式计算出最大回波强度所处的高度值。CR 可以快速查看最大回波强度及相应的高度分布;在稳定性降水条件下,有助于识别零度层亮带及其所在高度;在冰雹区域,相应的中空可能存在水分积累区,所以还可以作为监测冰雹的生发过程的工具。

(6)ET 产品

ET(echo top,即回波顶高)的生成原理是利用体积扫描获取的三维数据,根据测高公式,在以某一定底面积的垂直柱体中,自上而下的搜索选定的回波强度阈值所在的高度。一般情况下,云顶高度处的回波强度阈值为 5dBZ,估计降水层顶时的强度阈值为 18dBZ,探测强回波顶高度时阈值为 30dBZ。在业务应用中回波顶高产品可用来分析对流发展与否,以及对流相对强弱的情况。

(7)VIL 产品

VIL(vertical integrated liquid,即垂直积累液态含水量)是指某底面积的垂直柱体中的总含水量。VIL 是判断强降水及降水能力、强对流天气和冰雹等灾害性天气的最有效工具之一;有助于确定风暴的位置,VIL 通常和大面积降水区中的降水中心区存在很好的对应关系;冰雹云能导致很强的 VIL,所以有助于识别较大的冰雹单体和超级单体风暴。

(8)VCS 产品

VCS(vertical cut section,即垂直切面)是根据用户在回波图像上确定的两点之间的连线,作为需要分析的垂直剖面的基线,显示出这垂直剖面与其他仰角的 PPI 相交点的数据。对于不同仰角之间的区域,采用双线性差值及距离加权平均差值的方法予以弥补。

VCS 产品与 RHI 产品不同,能够分析回波区内任意方向的垂直结构,而不必固定雷达天线的扫描方位。

2.5 雨量数据显示

现以县级系统为例,介绍雨量数据显示的操作方法。

1. 双击桌面" "图标进入系统。选择"监测数据产品→雨量数据"菜单。如图 2.5.1 所示。

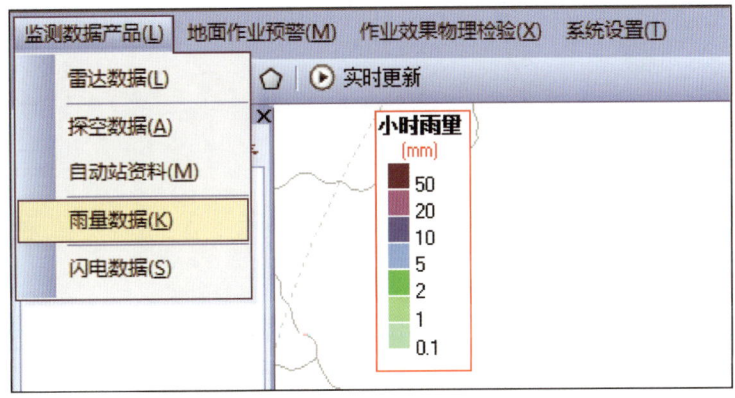

图 2.5.1

2. 地基数据选择雨量类型为"rh 小时雨量"。如图 2.5.2 所示。

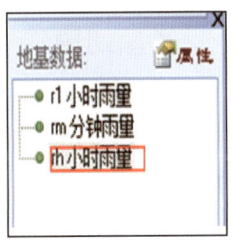

图 2.5.2

> **提示**:"r1 小时雨量"是指 MICAPS 格式的小时雨量数据;"rm 分钟雨量"是指区域站 6 分钟雨量数据;"rh 小时雨量"是指区域站小时雨量数据。

3. 在显示方式的下拉菜单中可以选择"显示点""显示面""全部显示"。如图 2.5.3 所示。

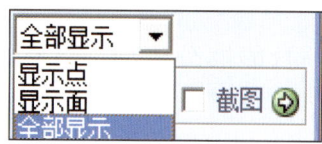

图 2.5.3

4. 在数据列表中双击左键选择相应时间的数据,数据显示区就能显示某时刻的雨量数据。如图 2.5.4 所示。

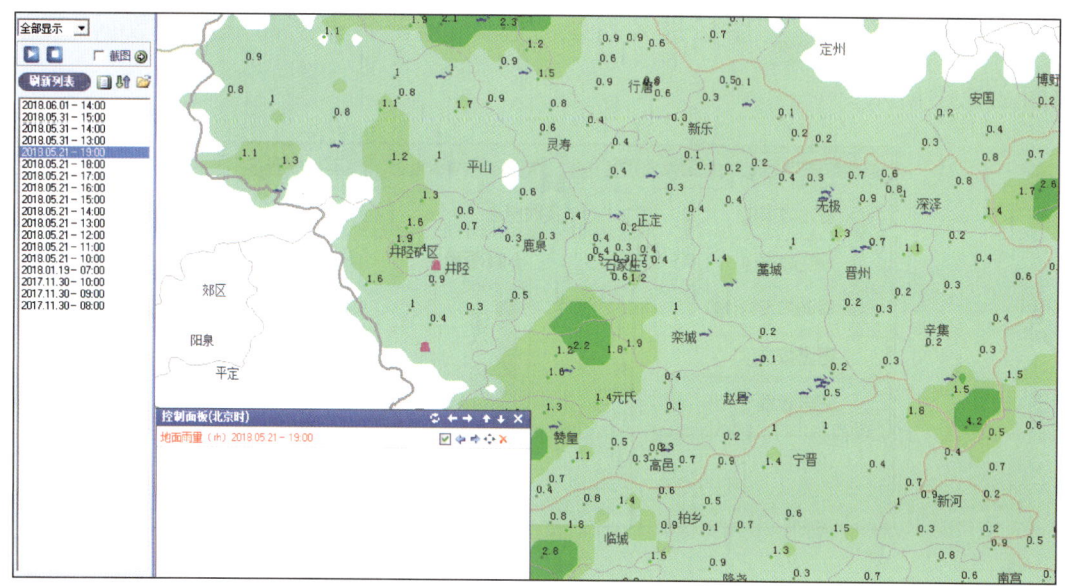

图 2.5.4

><<<<<<<<<<<<<<<<<<<<< 扩展知识 >>>>>>>>>>>>>>>>>>>>>

降水强度是指单位时间内的降水量,通常取 10min(即 10 分钟)、1h(即 1 小时)或 1d(即 1 天)为时间单位。如表 2.5.1 所示。

表 2.5.1

强度等级	1h 内的雨量(mm)
小雨	≤2.5
中雨	2.6～8.0
大雨	8.1～15.9
暴雨	≥16

2.6 探空数据显示

现以县级系统为例,介绍探空数据显示的操作方法。

1. 双击桌面"![icon]"图标进入系统。选择"监测数据产品→探空数据"菜单。如图 2.6.1 所示。

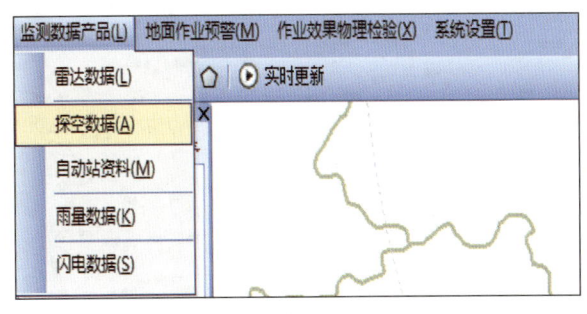

图 2.6.1

2. 空基数据只有"L 波段"。此时在数据显示区会出现代表探空站的黄色气球的图标。如图 2.6.2 所示。

提示: 由于石家庄地区没有探空站,通常使用邢台探空站数据。

图 2.6.2

提示： 若将显示区的地图缩小，则显示全国各地的探空站点。如图 2.6.3 所示全国各地的探空站点分布图。

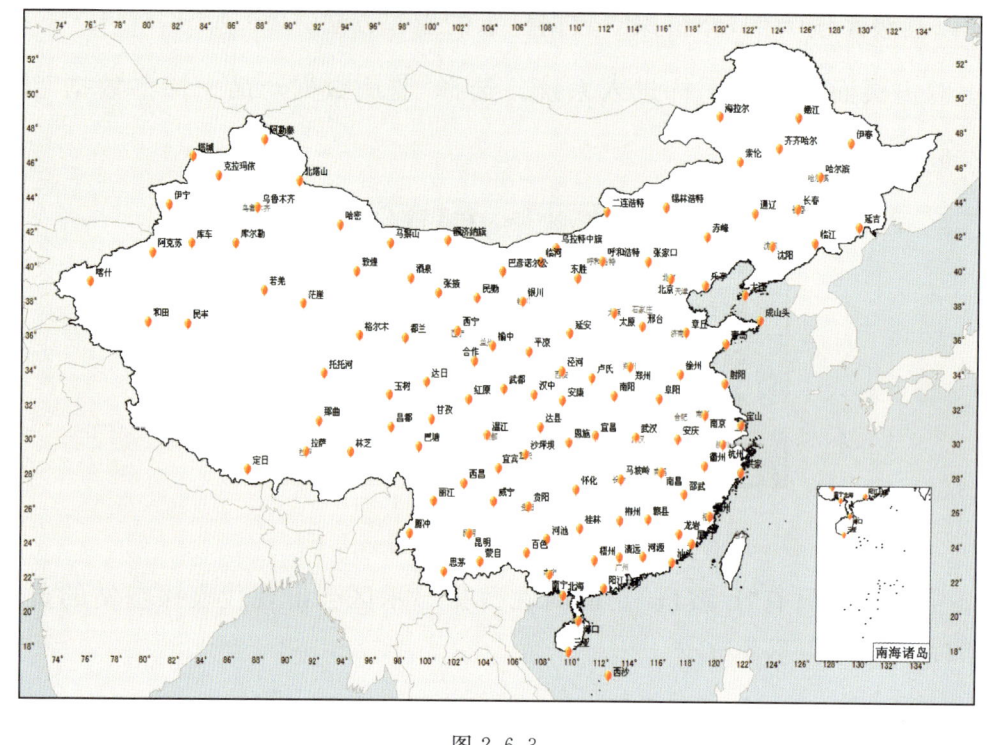

图 2.6.3

3. 在数据列表中双击左键选择相应时间的探空数据。如图 2.6.4 所示。

4. 在数据显示区右侧的工具箱中选择""按钮，此时鼠标变成"十"形。如图 2.6.5 所示。

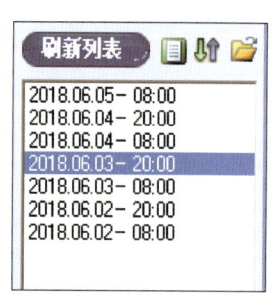

图 2.6.4

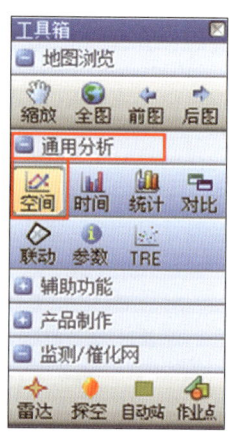

图 2.6.5

5. 在数据显示区找到邢台探空站,在黄色气球图标上单击左键,然后向任意方向移动鼠标,鼠标的移动轨迹显示为直线,然后再单击左键停止在该方向画直线,最后单击右键,所选时刻的邢台站探空曲线图就会显示。此时刚才所画的直线就会变成红色的线段。如图 2.6.6 所示。

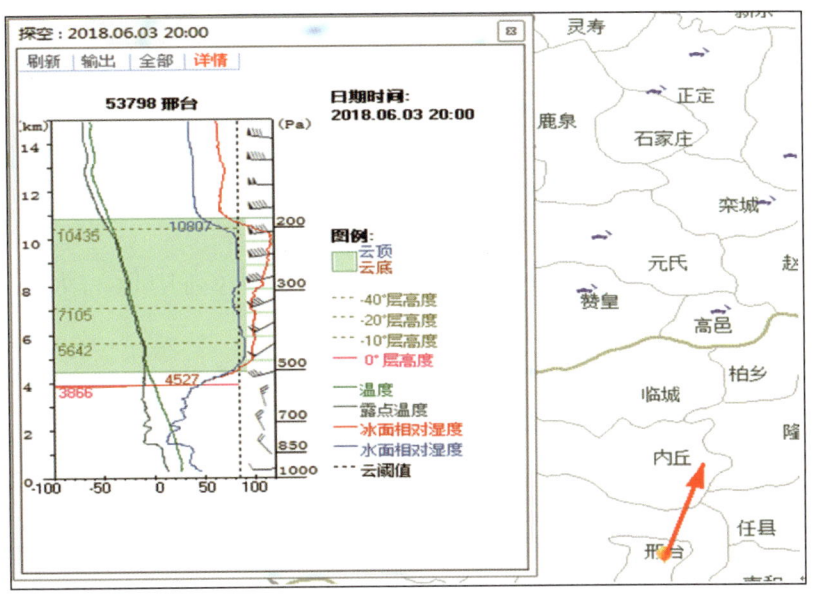

图 2.6.6

2.7 自动站资料显示

现以县级系统为例,介绍自动站资料显示的操作方法。

1. 双击桌面" "图标进入系统。选择"监测数据产品→自动站资料"菜单。如图 2.7.1 所示。

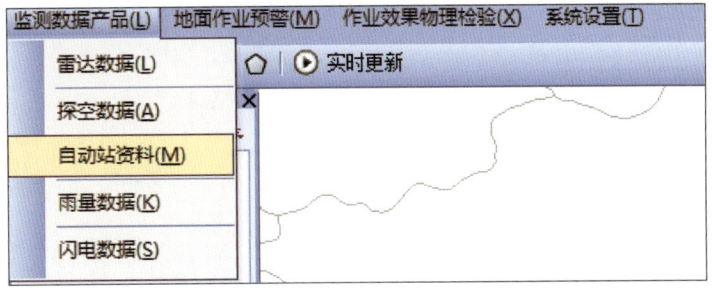

图 2.7.1

2. 自动站资料类型分为 4 种,选择相应类型的数据,如图 2.7.2 所示。

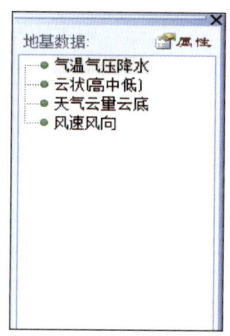

图 2.7.2

> **提示：** 自动站资料类型包括：气温气压降水、云状（高中低）、天气云量云底、风速方向。数据信息的标示方法如下。
>
>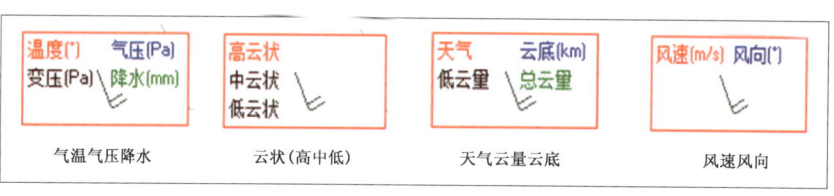

3. 在数据列表中双击左键选择相应时间的数据文件，数据显示区就会显示对应时刻的自动站数据。如图 2.7.3 所示。

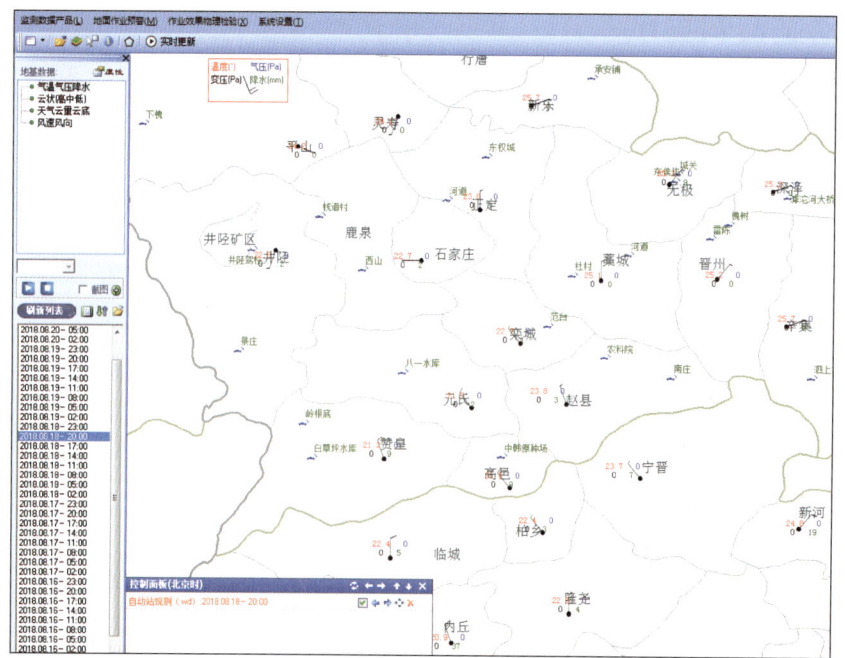

图 2.7.3

2.8 闪电数据显示

现以县级系统为例,介绍闪电数据显示的操作方法。

1. 双击桌面"![图标]"图标进入系统。选择"监测数据产品→闪电数据"菜单。如图 2.8.1 所示。

图 2.8.1

2. 在数据列表中双击左键选择相应时间的数据文件,数据显示区就会显示对应类型的闪电数据。

3. 闪电数据类型分为 3 种,双击左键选择相应类型的数据,如图 2.8.2 所示。

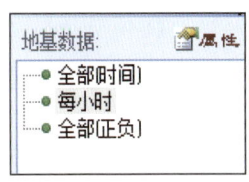

图 2.8.2

提示: 闪电数据类型包括:全部时间、每小时、全部正负。数据信息的标示方法如下。

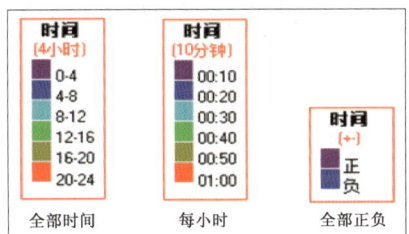

全部时间：表示在某个日期的 24 小时内所出现的全部闪电数据，并且以 4 小时为间隔，分为 6 级以不同颜色的色标表示。如图 2.8.3 所示。

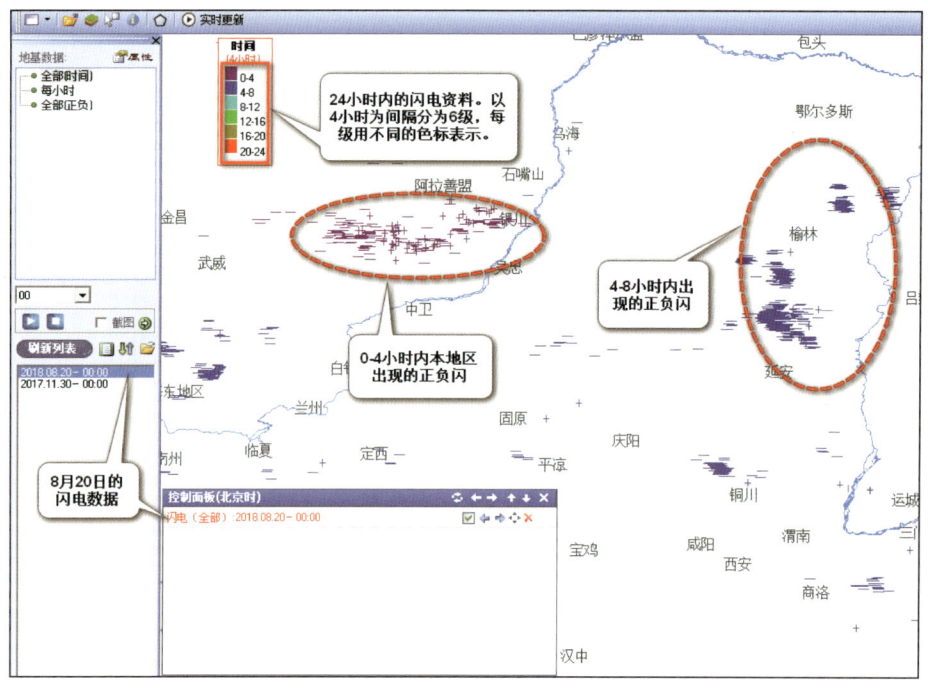

图 2.8.3

每小时：在"时刻"下拉菜单中选择某个时间，数据显示区的图标信息同时发生变化。如图 2.8.4 所示。

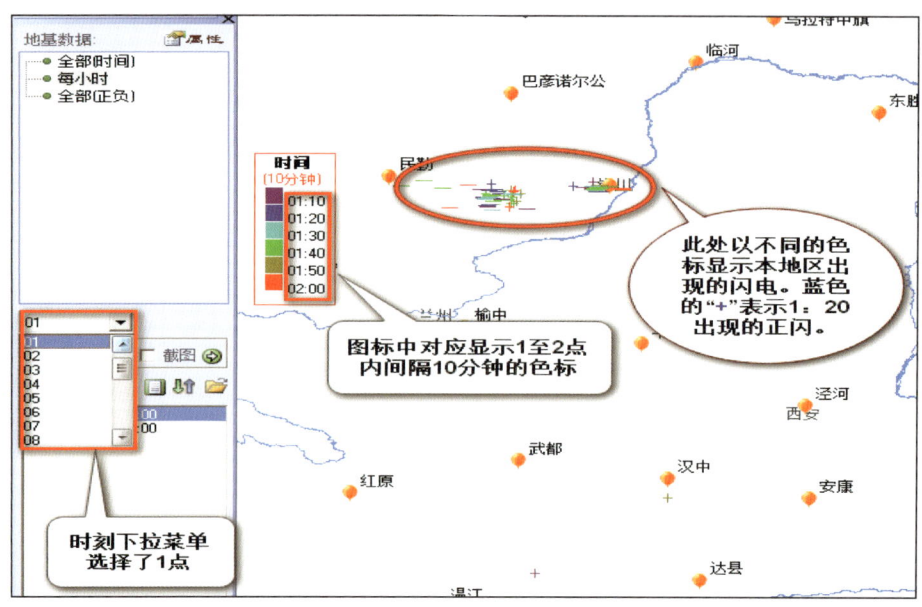

图 2.8.4

全部正负：表示在某个日期的 24 小时内所出现的全部闪电数据，并且以不同颜色的色标表示正闪和负闪。如图 2.8.5 和图 2.8.6 所示。

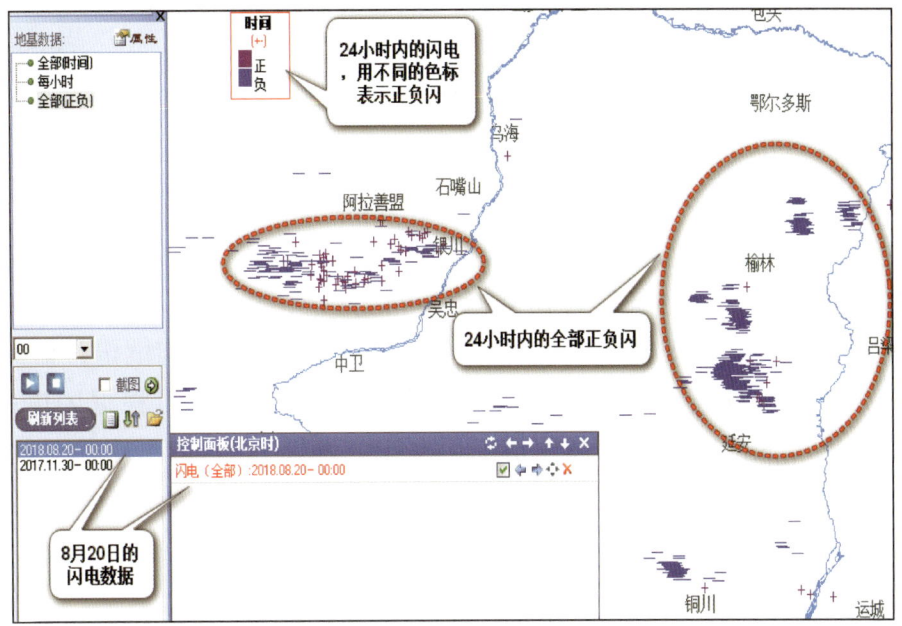

图 2.8.5

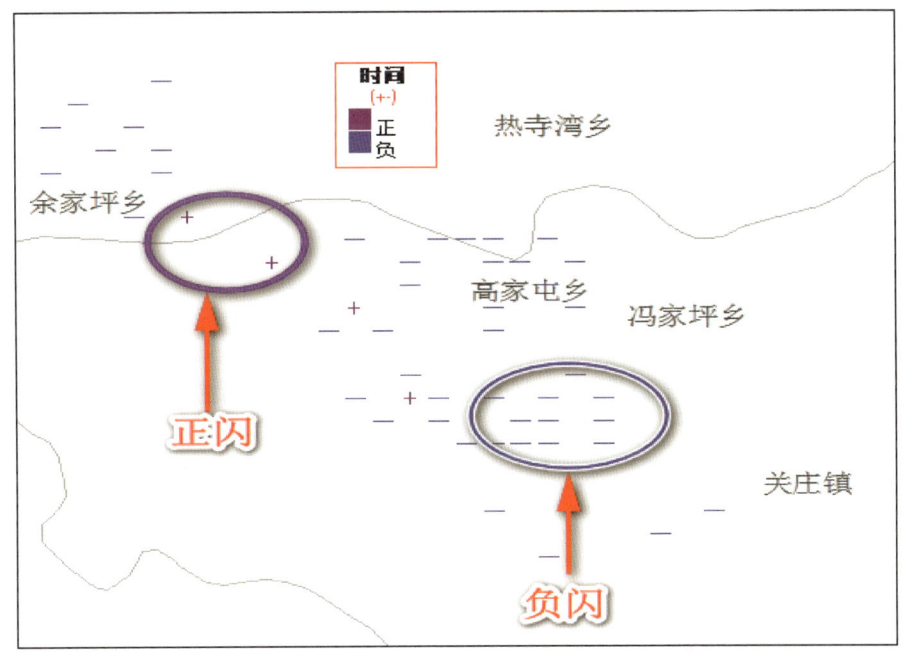

图 2.8.6

扩展知识

通常将闪电分为地闪和云闪两类,地闪指打到地上的闪电,云闪指发生在云内或云间的闪电。平均而言,地闪只占全部闪电的 1/3 以下,而云闪占 2/3 以上。地闪按照极性分为正地闪和负地闪。负地闪是将云内的负电荷输送到地面的过程,而正地闪则是将云内的正电荷输送到地面过程。

闪电定位仪(雷电监测定位仪)是利用闪电辐射的声、光、电磁场特性来遥测地闪回击放电参数,可全天候、长期、连续运行,并记录雷电发生的时间、位置、强度和极性等指标。三维闪电定位仪可以进行云闪和地闪的全闪电定位监测。

由于闪电的出现与云中对流活动有着密切的关系,所以可根据闪电的位置、密集程度有效监测云中对流发展的情况。据研究统计表明:闪电密集区的出现要早于雷达数据回波,因此,在人工防雹预警方面,可以使作业人员获得一定的准备时间。

2.9 卫星云图显示

提示: 卫星云图数据的采集和显示只限于 市级 系统。

2.9.1 卫星云图显示

1. 双击桌面" "图标进入系统。选择"监测数据产品→卫星数据"菜单。如图 2.9.1 所示。

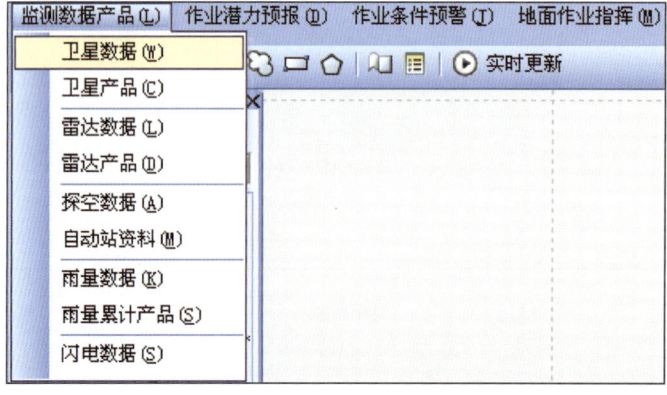

图 2.9.1

2. 在卫星通道列表中单击左键选择相应的卫星通道(如 ir2 红外 12μm)。如图 2.9.2 所示。

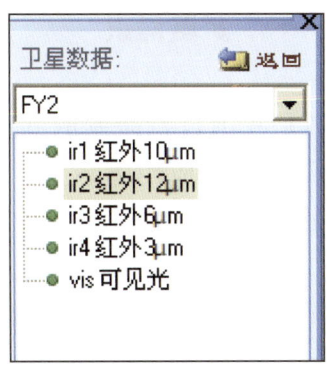

图 2.9.2

3. 选择 FY-2D/E/G 单个卫星,还是全部卫星的显示方式。如图 2.9.3 所示。

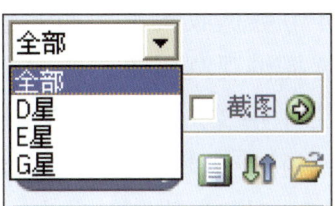

图 2.9.3

4. 在数据列表中双击左键选择相应时刻的数据显示卫星云图。

2.9.2 卫星云图动画显示

1. 在卫星数据通道列表中,按住"shift"键选择多个时刻的数据。如图 2.9.4 所示。

图 2.9.4

2. 单击"▶"按钮进行动画播放;单击"●"按钮停止播放。

>>>>>>>>>>>>>> **扩展知识** <<<<<<<<<<<<<<

风云二号气象卫星(FY-2)是我国自行研制的静止轨道气象卫星,与极地轨道气象卫星相辅相成,构成我国气象卫星应用体系。

D星(FY-2D)于2006年12月8日发射升空。FY-2D是第二颗风云系列静止业务卫星,能获取白天可见光云图、昼夜红外云图和水汽分布图,并进行天气图传真广播,收集气象、水文和海洋等数据收集平台的气象监测数据,供国内外气象资料利用站接收利用。自2015年6月30日开始停止观测。

E星(FY-2E)于2008年12月23日发射升空。FY-2E是第三颗风云系列静止业务卫星,能获取白天可见光云图、昼夜红外云图和水汽分布图,进行天气图传真广播,收集气象、水文和海洋等数据收集平台的气象监测数据,供国内外气象资料利用站接收利用。目前继续提供观测服务。

F星(FY-2F)于2012年上半年发射升空。FY-2F是第四颗业务卫星,除了常规观测以外,根据特殊需求会对特定区域提供快速区域扫描观测。

G星(FY-2G)于2014年12月31日发射升空。FY-2G是第五颗业务卫星,能获取白天可见光云图、昼夜红外云图和水汽分布图,并进行天气图传真广播,收集气象、水文和海洋等数据收集平台的气象监测数据,供国内外气象资料利用站接收利用。目前继续提供观测服务。

H星(FY-2H)于2018年6月5日发射升空。FY-2H是第六颗业务卫星,可以为西亚、中亚、非洲和欧洲等国家和地区提供良好的观测视角和高频次区域观测。可提供实时云图及晴空大气辐射、云导风、沙尘等数十种遥感产品。为天气预报、灾害预警和环境监测等提供参考资料,也可丰富全球数值天气预报的数据来源。

卫星有效载荷扫描辐射计共有5个通道:分别为可见光通道(VIS)、红外通道1(IR1)、红外通道2(IR2)、红外通道3(IR3)和红外通道4(IR4)。卫星红外通道的波段和功能如表2.9.1所示。

表 2.9.1

通道	波段(μm)	通道名称	功能
IR1	10.3~11.3	长波红外通道	昼夜云系、下垫面温度、区分云和雾
IR2	11.5~12.5	红外分裂窗	昼夜云系
IR3	6.3~7.6	水汽通道	半透明卷云的云顶高度以及中高层水汽
IR4	3.5~4.0	中红外通道	昼夜云系、地表高温目标、区别低云和冰雪

可见光通道(VIS)是在可见光谱段(0.55～0.99μm)探测来自地面和云面反射的太阳辐射能量,经过转换得到图像。图像的色调取决于地面、云面反射的太阳辐射能量的大小。在一定的太阳高度角下,若反射的太阳辐射能量大,则色调就白,反之则暗。在业务中,利用可见光云图可以判断云层的薄厚程度。另外,可见光云图的空间分辨率较高,能更好地捕捉到小尺度对流云团,对局地对流天气的预报意义非凡。

红外通道1和2(IR1、IR2)接收的是地面和云面发射出的长波红外辐射能量,而太阳辐射则完全忽略。云图的色调反映的是地面或云面红外辐射或亮温大小的分布情况。辐射越大,色调越暗,温度越高;反之,辐射越小,色调越浅,温度越低。由于云层越高,温度越低,所以云图上高云表现为白亮,而低云则表现为灰暗。因此,在业务中,利用红外(IR1、IR2)云图可以判断云的高低程度。

红外通道3(IR3)也称为水汽通道,是大气中水汽强吸收谱段。通过测量该通道的辐射,经转换得到云中水汽的含量,但并不能提供整层水汽含量信息,只能获得大气中高层的水汽分布情况。在水汽图上,色调越白表示水汽含量越高,反之越少。由于温度随高度递减,所以对流层上部的高湿区色调显得白亮,而低湿区的色调显得灰暗。水汽图像中正在变成白亮的区域表征上升运动,正在变成灰暗的区域表征下沉运动。

综上所述,在三种云图(红外云图、水汽图、可见光)上色调均为白亮的云团为积雨云,常伴有雷雨、大风等对流性天气;若在红外和水汽图上色调为白亮,而在可见光云图上色调为灰白,则为中高云,一般不会发生强对流天气;若在红外云图上色调为灰暗,可见光云图色调为白亮,水汽图上显示不明显,则为低云,易有降水产生。

2.10 卫星反演产品显示

> **提示:** 卫星反演产品的采集和显示只限于市级系统。

2.10.1 卫星反演产品显示

1. 双击桌面" "图标进入系统。选择"监测数据产品→卫星数据"菜单。如图2.10.1所示。

2. 在产品类型列表中单击左键选择相应的产品要素类型（如 ztop 云顶高度）。如图 2.10.2 所示。

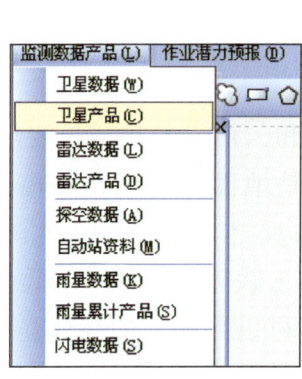
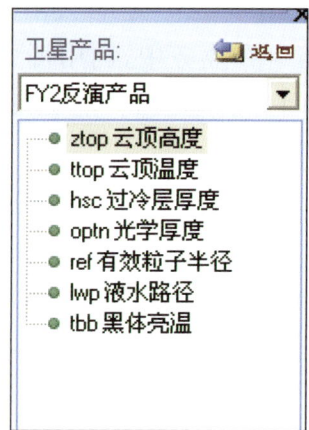

图 2.10.1　　　　　　　　　　　图 2.10.2

3. 在卫星反演产品数据列表中双击左键选择相应时刻的数据进行显示。如图 2.10.3 所示。

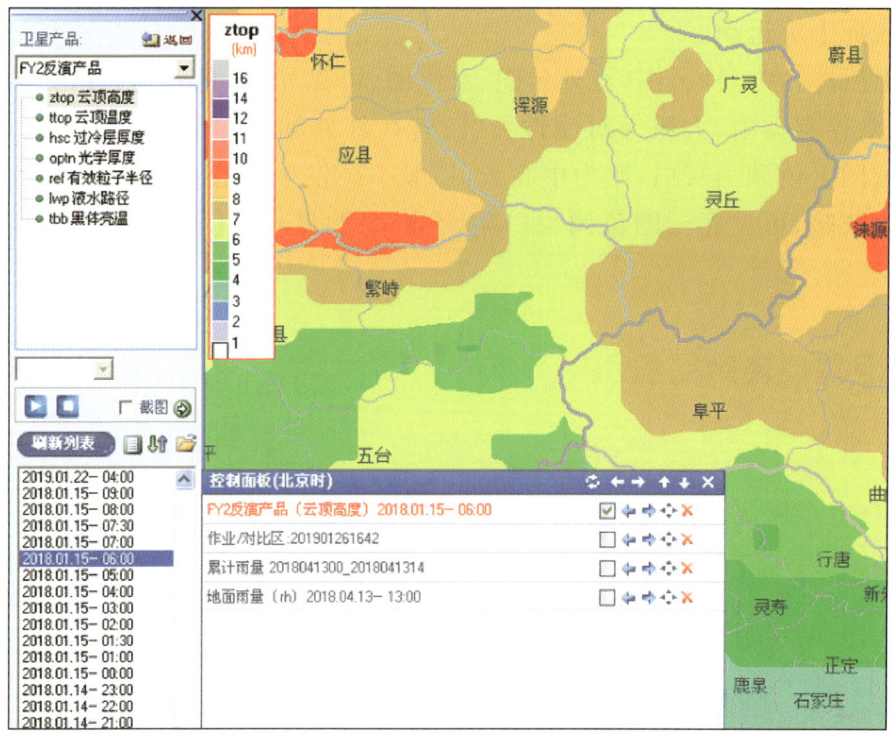

图 2.10.3

2.10.2 卫星反演产品动画显示

卫星反演产品的动画显示的操作方法与"2.9.2 卫星云图动画显示"类似,可参照操作。

2.11 模式产品显示

> **提示:** 模式产品的采集和显示只限于市级系统。

2.11.1 模式产品显示

1. 双击桌面"![图标]"图标进入系统。选择"作业潜力预报→云模式分析→MM5_CAMS 或 GRAPES_CAMS"菜单。如图 2.11.1 所示。

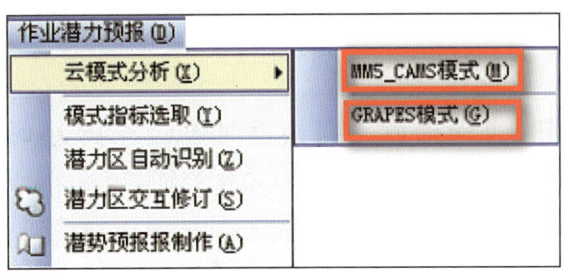

图 2.11.1

2. 在数据列表中双击左键选择相应时刻的模式产品数据,然后在模式产品子类别列表中(形势场、云宏观场、云微观场、降水场)单击左键选择需要显示的产品。

3. 在数据面板的"预报时效"下拉菜单中选择不同的时间(1～48 小时)可查看某一垂直层级的不同时效的预报结果;在"垂直层级"下拉菜单中选择不同的垂直层级(100hPa～1000hPa)可查看某一预报时效的不同层级的预报结果。如图 2.11.2 所示。

2.11.2 模式产品动画显示

1. 在数据列表中双击左键选择相应时次的模式产品数据,然后在模式产品子类别列表中(形势场、云宏观场、云微观场、降水场)单击任意要素显示该要素数据。

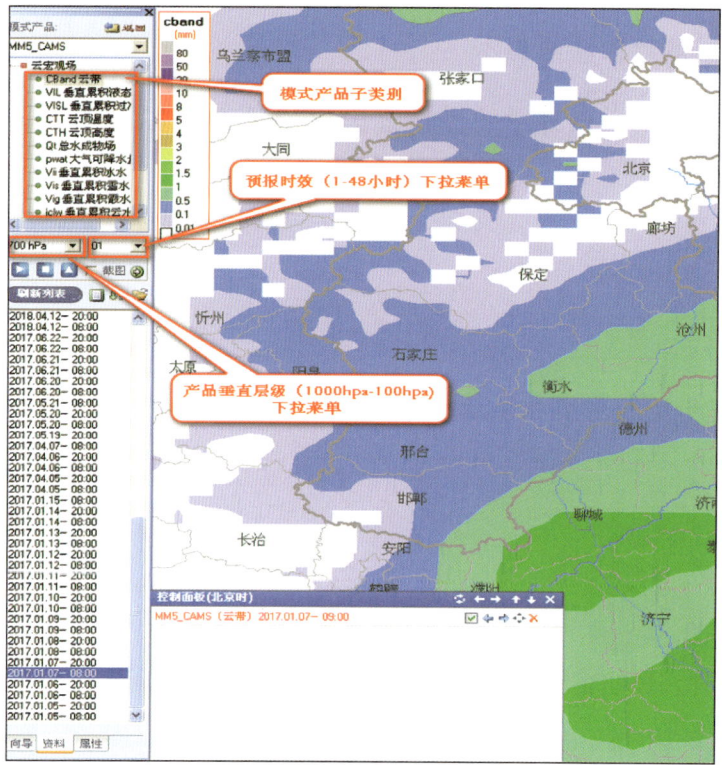

图 2.11.2

2. 单击"▶"按钮，自动播放不同预报时效（1～48 小时）的产品动画，单击"●"按钮停止播放。如图 2.11.3 所示。

3. 单击"▲"按钮，系统对模式产品的不同垂直层级（100hPa～1000hPa）进行动画播放显示。如图 2.11.4 所示。

图 2.11.3

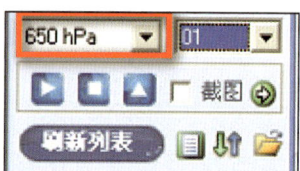

图 2.11.4

第 3 章　进阶教程

本章从菜单栏到控制面板以及工具箱,以图文并茂的撰写方式详细介绍了市、县级系统的各个功能模块的基本用处和使用方法。所述内容是本教程的核心组成部分,更是熟练掌握以及利用本系统开展业务任务所需技能的精华所在。

3.1　数据采集存储管理

3.1.1　采集设置

1. 参数配置

> **提示:** 参数配置和"数据项"的功能相同。

(1)运行数据采集系统,选择"采集设置"选项卡,在左侧数据产品设置框中任意位置单击右键,在弹出的右键菜单中选择"参数设置",弹出设置对话框,如图 3.1.1 所示。

(2)在设置对话框左侧的数据产品列表中勾选相应数据,然后点击"保存"按钮。

2. 批量目录设置

(1)在左侧数据产品设置框中任意位置单击右键,在弹出的右键菜单中选择"批量目录设置",弹出提示对话框,如图 3.1.2 所示。

(2)在"历史目录"项的右侧点击 📂 图标,选择相应的存放路径(如:F:\RyServerData_ZX\);同理,在"在线目录"项的右侧点击 📂 图标,选择相应的存放路径(如:D:\RyServerData_ZX\)。

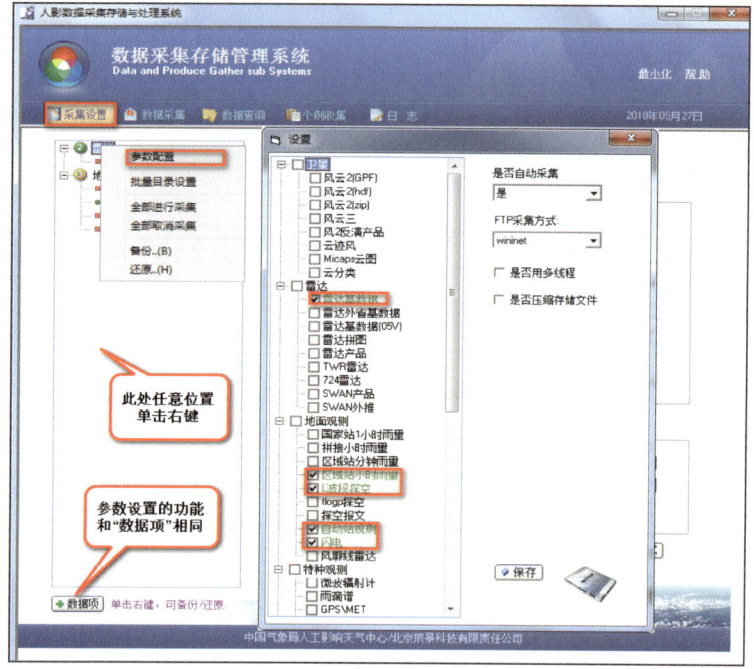

图 3.1.1

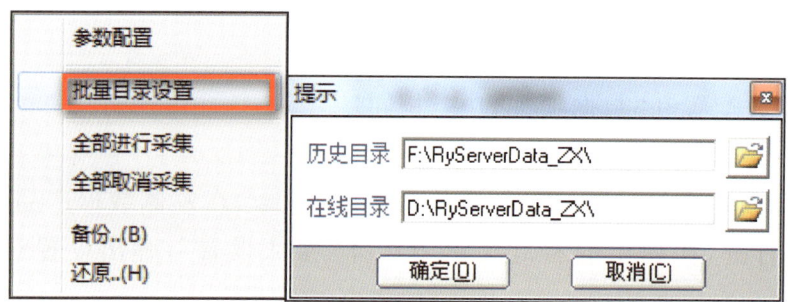

图 3.1.2

> **提示**："在线目录"的数据只保留自动采集时设置的天数,超过设置天数的数据会自动清除;"历史目录"保存所有采集的数据,不会自动清除。

3. 全部进行/取消采集

将用户选择的全部数据产品进行自动采集或者全部取消自动采集。

4. 备份/还原

将数据采集的设置参数进行备份/还原。

> **提示**：将 D 盘安装目录"Auroview"下的 zdz 文件整体备份，若操作系统崩溃或者数据采集系统不能运行时，重新安装系统后，再将前期备份的 zdz 文件还原到安装目录并替换原有文件即可。

5. 共享磁盘采集设置

(1)在左侧数据产品列表框中选中需要采集的数据类别(雷达基数据、L 波段探空、自动站观测)，如"雷达→雷达基数据"。

(2)是否采集该项数据：勾选表示采集，否则不采集该数据；采集间隔表示每隔多长时间循环采集一次，默认值 30 分钟。

(3)数据源类型选择"共享磁盘"；IP 地址设置为网络映射盘的 IP 地址以及该项数据的根目录。如雷达基数据的 IP 地址为：\\10.48.36.35\sys\RADA\O_DOR\；添加网络映射盘的用户名和密码，若未设置可以为空。

(4)存储方式选择"子目录→子目录"；单击"设置"按钮，弹出记事本，从中选择需要采集的雷达站名称，不需要采集的雷达站可以删除，保存该记事本文件后关闭。

(5)采集内容选择"全部数据"；延迟时间默认 5 小时。

(6)设置"在线数据磁盘目录"和"历史数据磁盘目录"；子目录为系统默认。

(7)单击"保存"按钮保存设置参数；单击"测试"按钮检查共享磁盘是否连接成功。

> **提示**：每个种类的数据采集参数设置后都要点击"保存"。

3.1.2 数据采集

1. 自动采集

(1)选择是否保留所有历史数据。勾选该选项表示历史数据将继续保存不删除。

(2)设置在线数据保存的时间长度，单位为天，默认值为 3 天。保存在在线数据磁盘目录下超过设置天数的数据将会被删除。

(3)开启自动采集选项时，表示运行数据采集系统后进行自动采集数据，无需人工干预。

> 提示：自动采集不能采集以前的旧数据，只能采集实时数据。

2. 手动采集

（1）设置采集数据的时间段。

（2）单击"▶"按钮进行数据采集，同时数据采集记录信息框显示采集的信息列表。当设置时间段内的全部数据采集完成后，弹出提示信息框，采集功能自动停止。如图3.1.3所示。

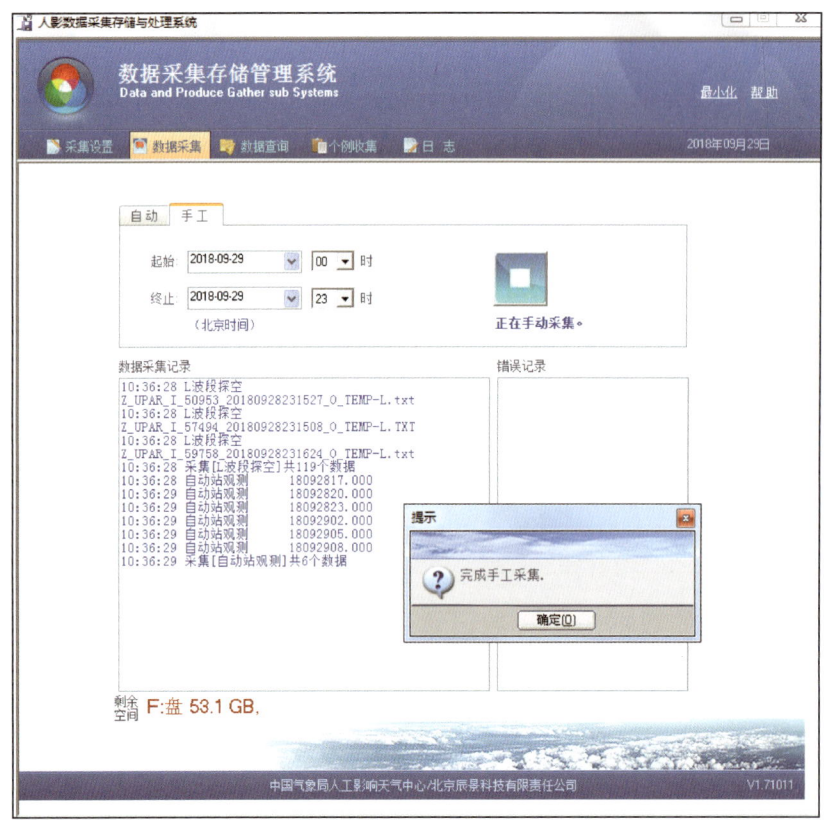

图 3.1.3

3.2 系统参数设置

3.2.1 辅助参数

1. 选择"系统设置→参数配置"菜单，弹出选项对话框，选择"辅助参数"，如图3.2.1所示。

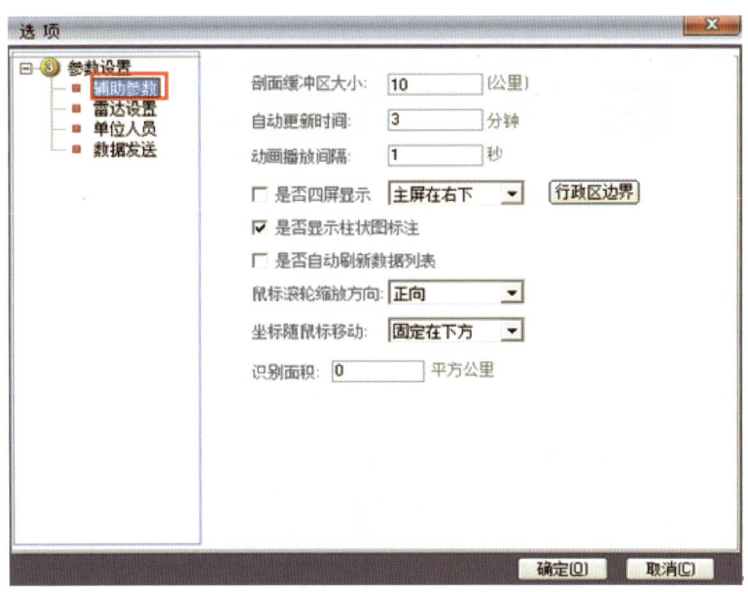

图 3.2.1

2."自动更新时间"是指当打开工具栏的" 实时更新 "时,系统按照设置的时间间隔,自动检索、加载和显示最新时次的数据产品。

3.勾选"是否四屏显示"后,如果只有一个显示器,则空间分析、时间序列分析等操作时,分屏显示的内容不再以小窗口显示,而是全屏显示。

4.勾选"是否自动刷新数据列表"后,系统会自动刷新并更新加载数据的数据列表。

3.2.2 雷达设置和单位人员

操作方法详见"2.3 系统初始化配置"。

3.2.3 数据发送

主要是设置和测试短信收发设备(又称短信猫)的相关信息,本系统暂不涉及相关内容。

3.3 数据目录配置

1.选择"系统设置→数据目录配置"菜单,弹出选项对话框,如图 3.3.1 所示。
2.数据目录可以自动批量配置,也可以手动单个配置。
(1)点击选项对话框右上角的" 批量配置 "按钮,弹出浏览文件对话框,然后

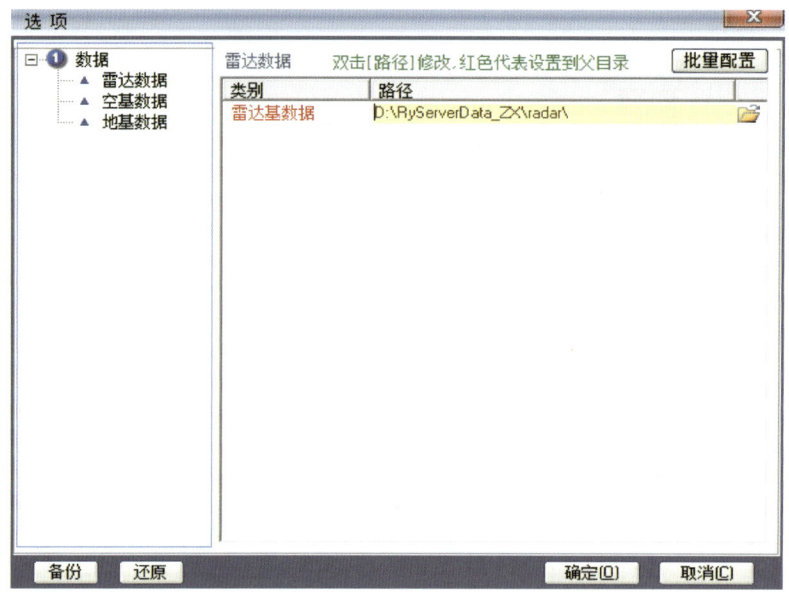

图 3.3.1

选择 D 盘下的 RyServerData_ZX 文件夹，点击"确定"即可完成所有数据目录的自动配置。

（2）如果要手动单个配置某个数据产品的路径，则在对话框左侧列表中选择不同的数据数据产品，然后在对话框右侧的路径框内双击左键，出现打开文件的图标" "，单击该图标弹出浏览文件夹对话框，选择需设置数据产品所在路径，如图 3.3.2 所示，各类数据产品设置路径如表 3.3.1 所示。

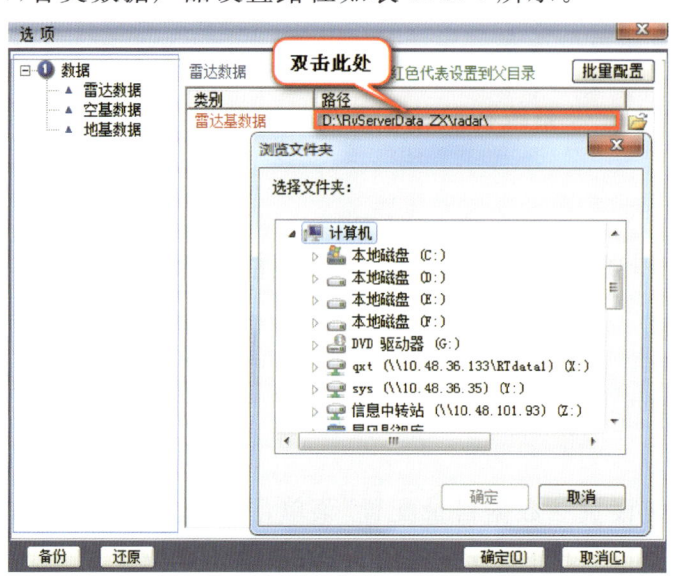

图 3.3.2

表 3.3.1

数据类别	数据名称	设置路径
雷达数据	雷达基数据	D:\RyServerData_ZX\radar\
空基数据	探空资料	D:\RyServerData_ZX\high\l_bound\
地基数据	自动观测站	D:\RyServerData_ZX\ground\plot\
	地面雨量	D:\RyServerData_ZX\ground\rain\
	雨量产品	D:\RyServerData_ZX\ground\rain\
	闪电	D:\RyServerData_ZX\ground\flash\

（3）各种类别的数据产品路径设置完毕后，点击选项对话框左下角的" 备份 "按钮对上述数据目录配置进行保存。与之对应的" 还原 "按钮，则是将已保存的数据目录配置文件重新加载，从而将数据目录的配置恢复到以前的配置状态。

3.4 数据导入

3.4.1 导入作业点信息

操作方法详见"2.3 系统初始化配置"。

3.4.2 导入人员信息

1．选择"系统设置→数据导入→导入人员信息"菜单，弹出"文件导入"对话框，如图 3.4.1 所示。

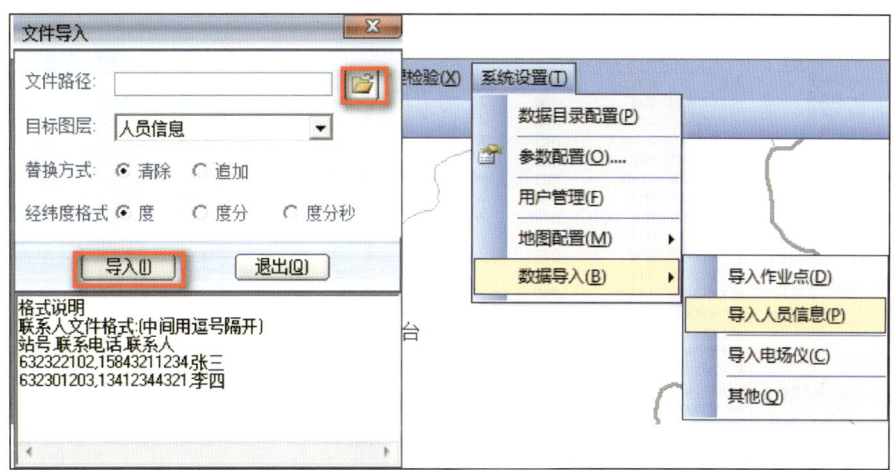

图 3.4.1

2. 在文件路径处点击 按钮，弹出文件选择对话框，然后选择已经保存的 txt 格式的人员信息文件。

3. 替换方式的选择。若人员信息是在原有基础上只做局部修改，则选择"追加"方式，否则选择"清除"方式。

4. 点击" "按钮，导入完成后弹出提示信息框，如图 3.4.2 所示。

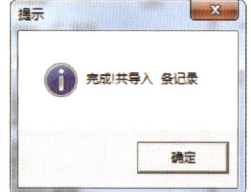

图 3.4.2

> **提示：**若自行编辑人员信息文件，则可参考如下格式：站号，联系电话，联系人（中间用逗号隔开）如图 3.4.3 所示。

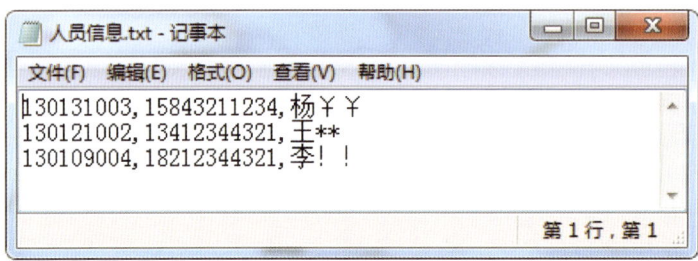

图 3.4.3

> **提示：**人员信息在"作业预警"和"作业参数"信息框中显示。如图 3.4.4 所示。

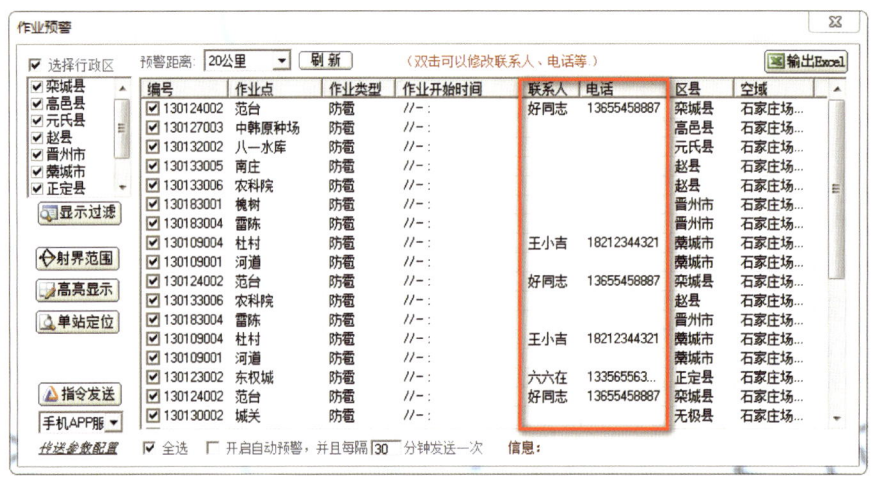

图 3.4.4

3.5 雷达数据指标设置

> **提示：** 设置雷达数据的"作业预警"和"作业参数"判别指标，是为系统自动识别增雨或防雹作业目标区提供判断依据。

1. 选择"地面作业预警→雷达指标选取"菜单。如图 3.5.1 所示。

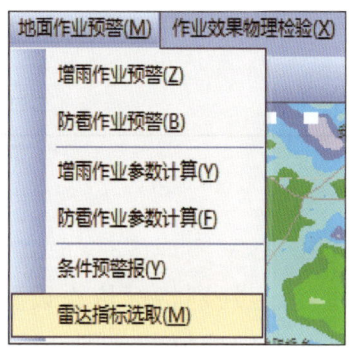

图 3.5.1

2. 在弹出的"指标管理"对话框中选择"增雨指标"或"防雹指标"。如图 3.5.2 所示。

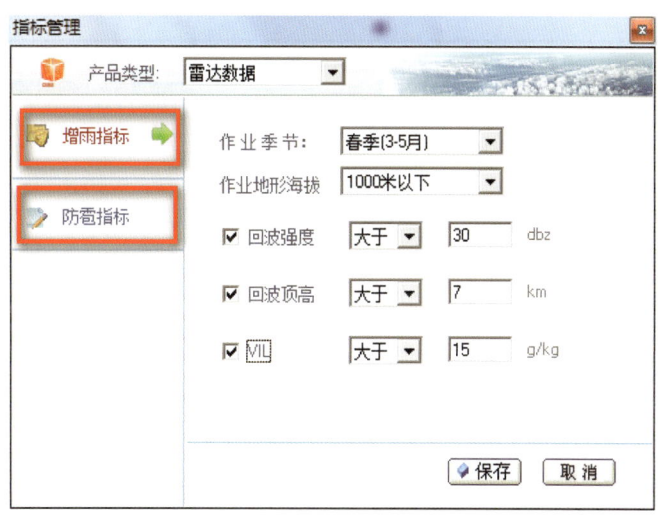

图 3.5.2

3. 根据不同的作业季节,分别设置判别指标的阈值。如图 3.5.3 所示。

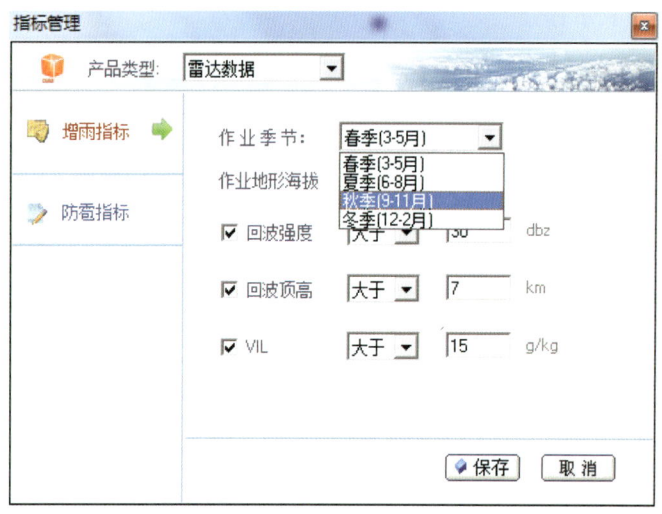

图 3.5.3

4. 选择"作业地形海拔值"。石家庄地区选择"1000 以下"。
5. 根据本地增雨或防雹的雷达判别指标依次设置:回波强度、回波顶高、垂直液态水含量(VIL)中的单个或多个指标值的范围。

> **提示:** 雷达判别指标是根据石家庄雷达历史资料汇总分析得出量化指标,不一定适合其他地区。参数阈值如表 3.5.1 所示。

表 3.5.1

		春季(3—5月)	夏季(6—8月)	秋季(9—11月)	冬季(12月—翌年2月)
增雨指标	回波强度	≥25dBZ	≥23dBZ	≥25dBZ	≥20dBZ
	回波顶高	≥6.5km	≥7.5km	>7km	≥6.0km
	VIL	≥1.0kg/m²	≥1.2kg/m²	≥1.3kg/m²	≥1.5kg/m²
防雹指标	回波强度	≥50dBZ	≥60dBZ	≥55dBZ	
	回波顶高	≥11km	≥13km	≥11km	
	VIL	≥35kg/m²	≥40kg/m²	≥45kg/m²	

6. 点击"保存"按钮,对设置后的数值进行保存。

> **提示:** 每完成一个作业季节的指标值设置后都要点击一次"保存"按钮。

3.6 增雨作业预警

> **提示：** 雷达数据已经加载，且增雨作业的雷达指标已经完成设置（详见"3.5 雷达数据指标设置"）。

1. 打开雷达数据，并在数据列表中选择相应时刻的雷达数据。
2. 选择"地面作业预警→增雨作业预警"菜单，如图 3.6.1 中的（1）所示；数据面板操作区如图 3.6.1 中的（2）所示。

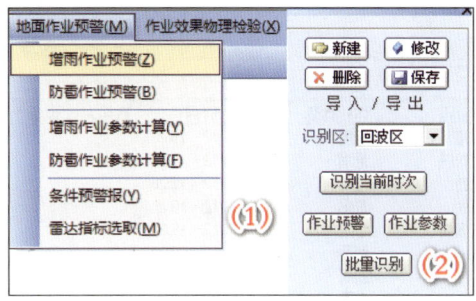

图 3.6.1

3. 系统会自动识别当前雷达数据并生成作业目标区产品，如图 3.6.2 所示。若没有打开雷达数据，系统会提示设置雷达数据源路径。数据列表和数据面板均显示自动识别文件名，如图 3.6.3 所示。

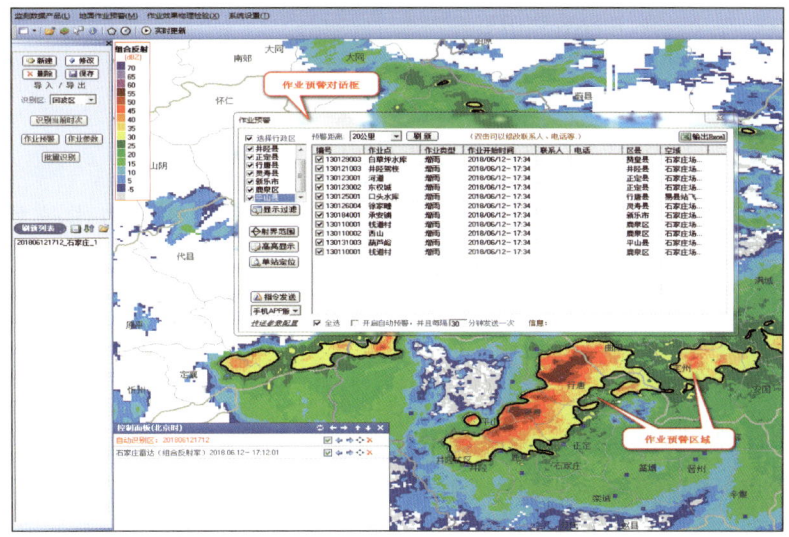

图 3.6.2

图 3.6.3

4. 系统自动识别增雨作业目标区的同时会关联作业点信息。弹出关联作业点的增雨作业预警对话框及预警信息,如图 3.6.4 所示。

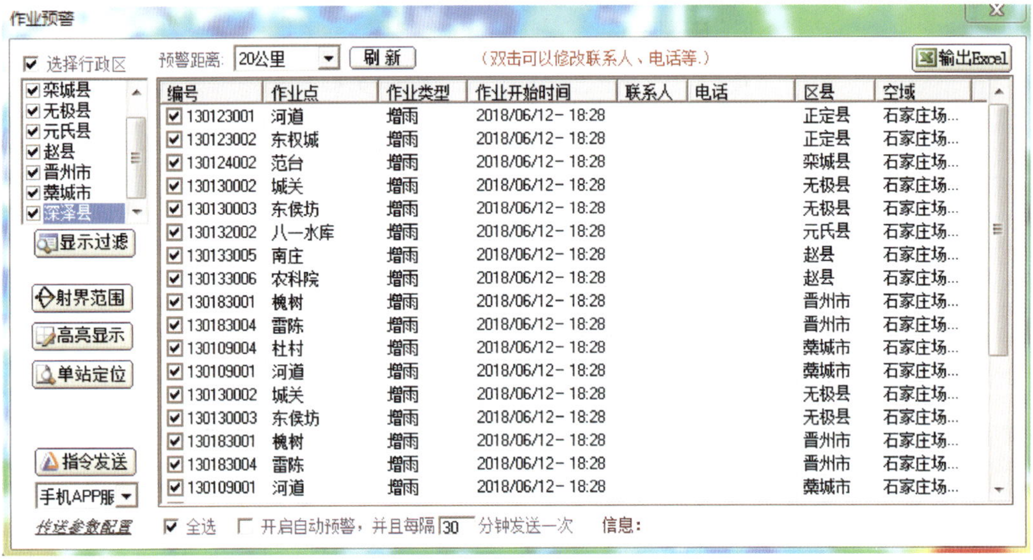

图 3.6.4

显示过滤:只显示勾选的行政区作业点的预警信息。

射界范围:若在预警列表框中勾选相应的作业点,然后点击该按钮,则显示以作业点为中心,半径约为 19km 的圆形射界范围;再次点击该按钮,则隐藏射界范围。

高亮显示:在作业点列表中勾选相应的作业点,然后点击该按钮,以红色圆点显示勾选的作业点。

单站定位:在预警列表框中选择一个作业点,然后点击该按钮,地图自动缩放至该作业点显示。

[输出Excel]:在预警信息对话框右上角点击该按钮可以将预警信息输出为 xls 格式文件保存。

[联系人|电话]:左键双击联系人和电话文本框可以修改或录入姓名和电话号码。

5. 数据面板操作区可以对自动识别区域进行修改、保存、删除等操作。如图 3.6.5 所示。

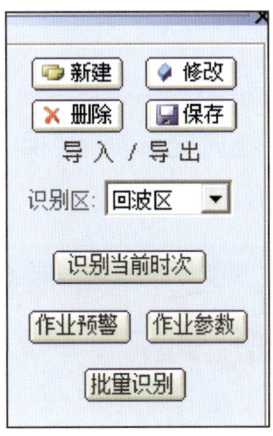

图 3.6.5

[新建]:系统自动识别当前显示的雷达时次数据,并生成新的识别区产品。

[修改]:(1)在数据列表中双击左键选择某个时次的雷达回波自动识别区产品,如图 3.6.6 所示。

图 3.6.6

(2)在需要修改的识别区域上双击左键,自动识别区的边界线由细线条变成粗线条。如图 3.6.7 中的(2)所示。

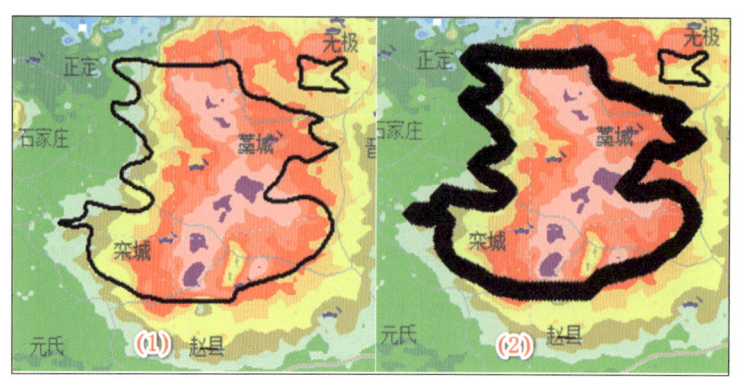

图 3.6.7

移动节点：鼠标移动至边界线时光标变成"◆"符号,按住左键可以将节点移动到目标位置。如图 3.6.8 所示。

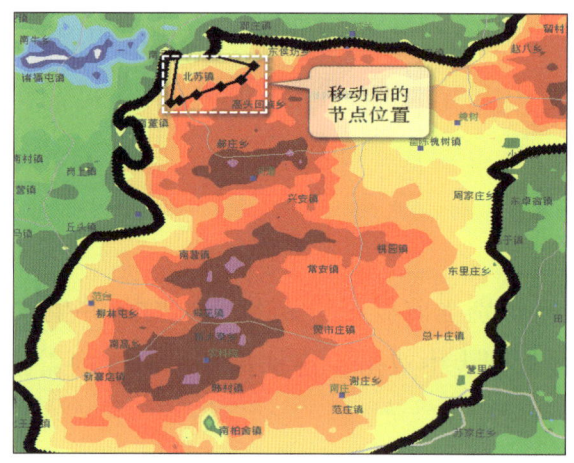

图 3.6.8

删除节点：鼠标移动至边界线时光标变成"◆"符号,单击右键,选择"删除节点"命令删除选择的节点。如图 3.6.9 所示。

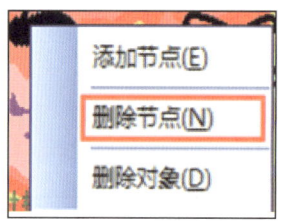

图 3.6.9

添加节点：鼠标移动至边界线时光标变成"◆"符号,单击右键,选择"添加节点"命令添加节点。

删除对象：鼠标移动至边界线时光标变成"✥"符号，单击右键，选择"删除对象"命令后，识别区的边界线被删除。

[保存]：自动识别区修改后，点击该按钮保存修改后的自动识别区域。

[✕ 删除]：(1)在数据列表中单击左键选择一个时次的雷达自动识别区产品；或者按住"shift"键多选。

(2)点击该按钮删除选择的自动识别区产品。

[识别当前时次]：系统自动识别当前打开的雷达站点的时次数据，并生成识别区产品。若没有打开雷达数据，则系统提示加载雷达数据。

[作业预警]：系统计算生成增雨作业预警识别区，并弹出关联作业点的增雨作业预警对话框及预警信息。

[作业参数]：操作方法详见"3.8 增雨作业参数计算"。

[批量识别]：对某个时段内的多个时刻的雷达回波数据进行自动识别。单击该按钮，弹出"批量识别"对话框，如图 3.6.10 所示。选择需要识别的雷达站点，设置识别的起止时间(北京时间)，然后点击"开始"按钮进行自动识别，完成后在数据列表中显示批量识别产品，如图 3.6.11 所示。

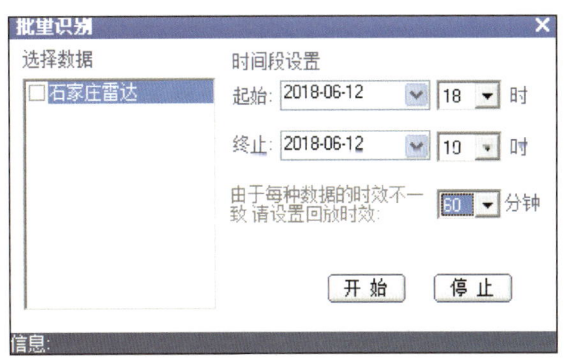

图 3.6.10

图 3.6.11

3.7 防雹作业预警

> **提示：** 雷达数据已经加载，且**防雹作业的雷达指标已经完成设置**(详见"3.5 雷达数据指标设置")。

1. 打开雷达数据，并在数据列表中选择相应时刻的雷达数据。
2. 选择"地面作业预警→防雹作业预警"菜单，如图 3.7.1 中的(1)所示；数据面板操作区如图 3.7.1 中的（2）所示。

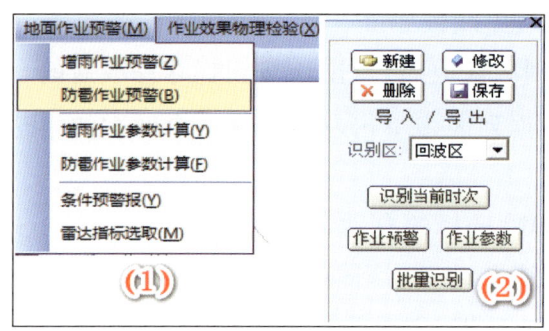

图 3.7.1

其余操作方法和增雨作业预警基本一致，可参照"3.6 增雨作业预警"。

3.8　增雨作业参数计算

> **提示：** 雷达数据已经加载，且增雨作业的雷达指标已经完成设置（详见"3.5 雷达数据指标设置"）。

1. 打开雷达数据，并在数据列表中选择相应时刻的雷达数据。
2. 选择"地面作业预警→增雨作业参数计算"菜单。
3. 系统根据已经设置的增雨作业指标自动识别雷达数据，并生成增雨作业识别区产品；同时关联作业点计算作业参数，显示增雨作业参数对话框及作业参数信息。如图 3.8.1 所示。

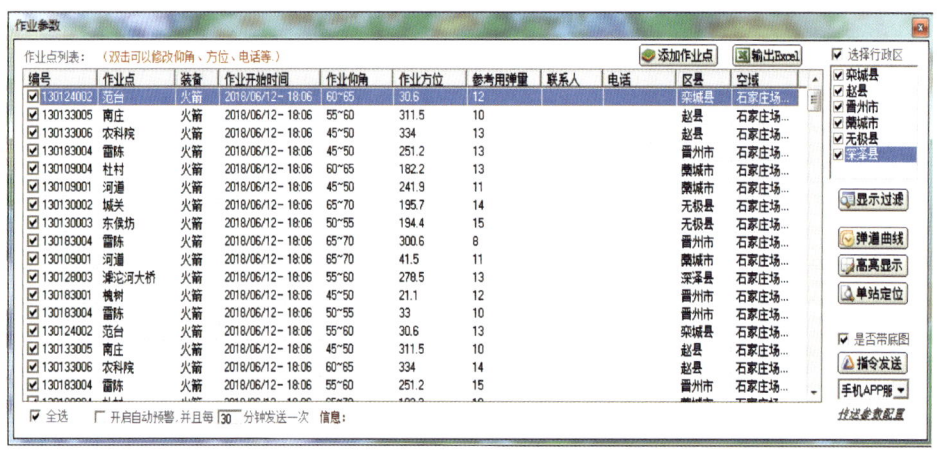

图 3.8.1

[显示过滤]：只显示勾选的行政区作业点作业参数信息。

[弹道曲线]：在作业点作业参数信息对话框中选择一个作业点，然后点击该按钮，显示该作业点的作业方位以及雷达数据沿作业方位剖面和弹道曲线叠加的信息。如图 3.8.2 所示。

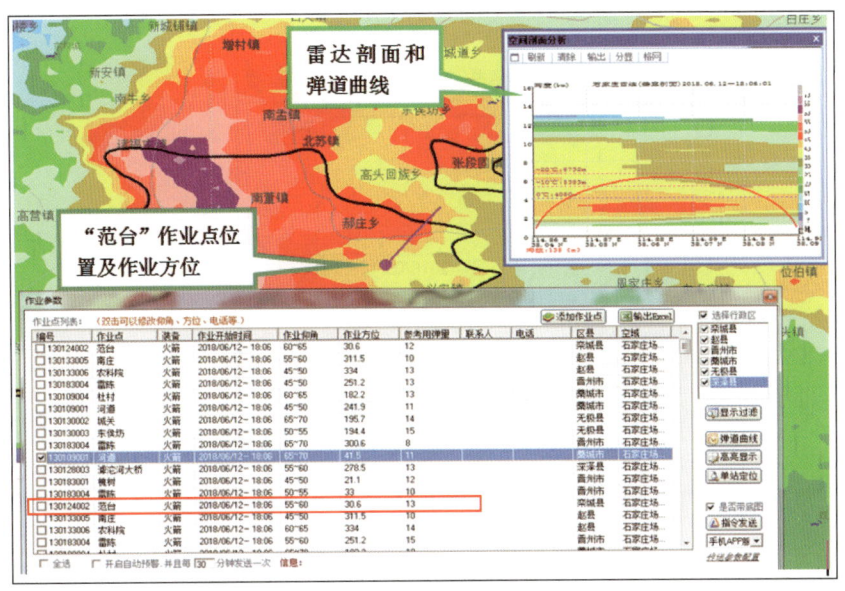

图 3.8.2

[高亮显示]：在作业点列表中勾选相应的作业点，然后点击该按钮，以红色方块点显示勾选的作业点。如图 3.8.3 所示。

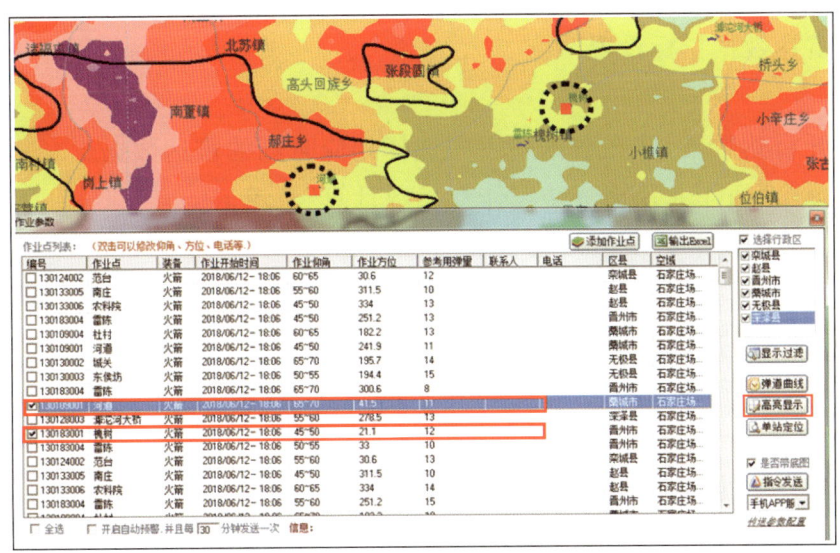

图 3.8.3

![单站定位]:在作业参数信息列表框中选择一个作业点,然后点击该按钮,地图自动缩放至该作业点显示。

![输出Excel]:将作业参数信息输出为 xls 格式的文件。

![添加作业点]:若个别的作业点没有在"作业参数"对话框中,点击该按钮,则可以根据实际情况进行添加。如图 3.8.4 所示。

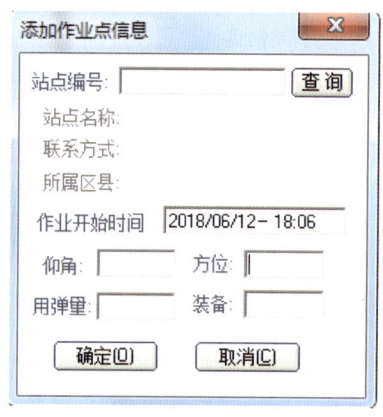

图 3.8.4

3.9　防雹作业参数计算

> **提示:** 雷达数据已经加载,且防雹作业的雷达指标已经完成设置(详见"3.5 雷达数据指标设置")。

1. 打开雷达数据,并在数据列表中选择相应时刻的雷达数据。
2. 选择"地面作业预警→防雹作业参数计算"菜单。

其余操作步骤详见"3.8 增雨作业参数计算"。

3.10　影响/对比区确定

> **提示:** 雷达数据或者雨量数据已经加载。

1. 打开雷达数据,并在数据列表中选择相应时刻的雷达数据。
2. 选择"作业效果物理检验→影响/对比区确定"菜单,显示影响/对比区确定面板。如图 3.10.1 所示。

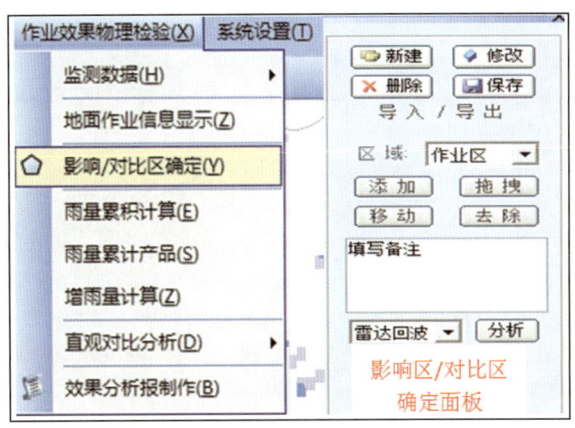

图 3.10.1

3. 点击"新建"按钮,弹出提示对话框,新建一个时次雷达数据影响/对比区判定文件,如图 3.10.2 中的(1)所示;点击确定,数据列表显示新建文件名称。如图 3.10.2 中的(2)所示。

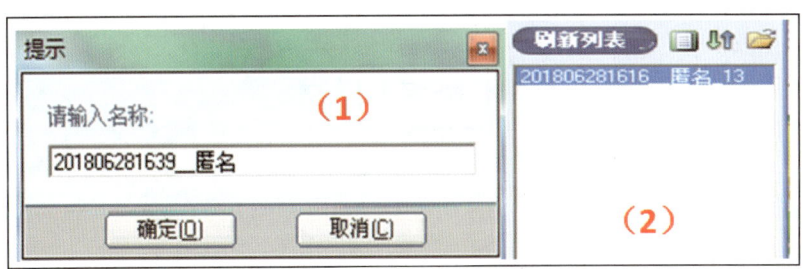

图 3.10.2

(1)点击影响/对比区确定面板中的"删除",可以删除已经新建的影响/对比区判定文件。

(2)点击影响/对比区确定面板中的"保存",可以保存新建的影响/对比区判定文件。

(3)在影响/对比区确定面板的"区域"下拉框中选择"作业区",然后点击"添加"按钮,此时按住左键在显示区绘制作业区,最后点击右键绘制完毕。如图 3.10.3 所示。

4. 在影响/对比区确定面板的"区域"下拉框中选择"对比区 x"(x 代表 1 至 4 的数字),最多添加 4 个对比区。

(1)若要保证对比区和作业区的面积相等,则点击"拖拽"按钮,然后单击绘制好的作业区,移动鼠标至相应的位置后松开左键,则对比区添加完成,并以不同颜色线条显示。如图 3.10.4 所示。

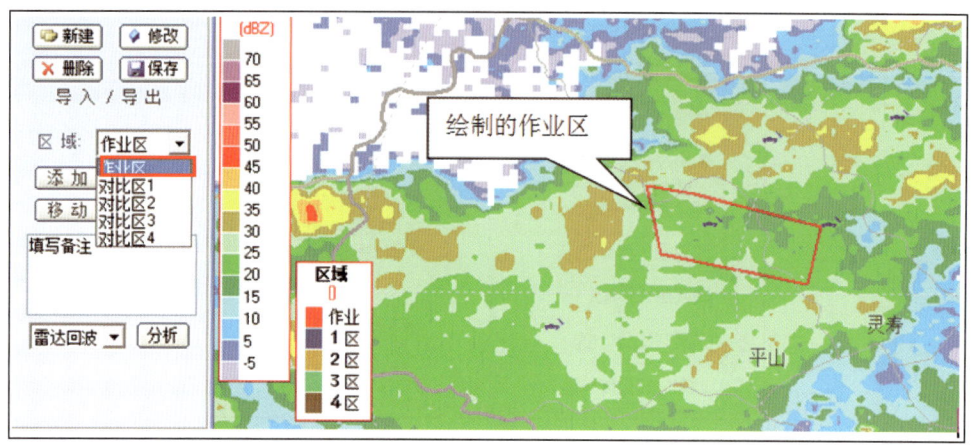

图 3.10.3

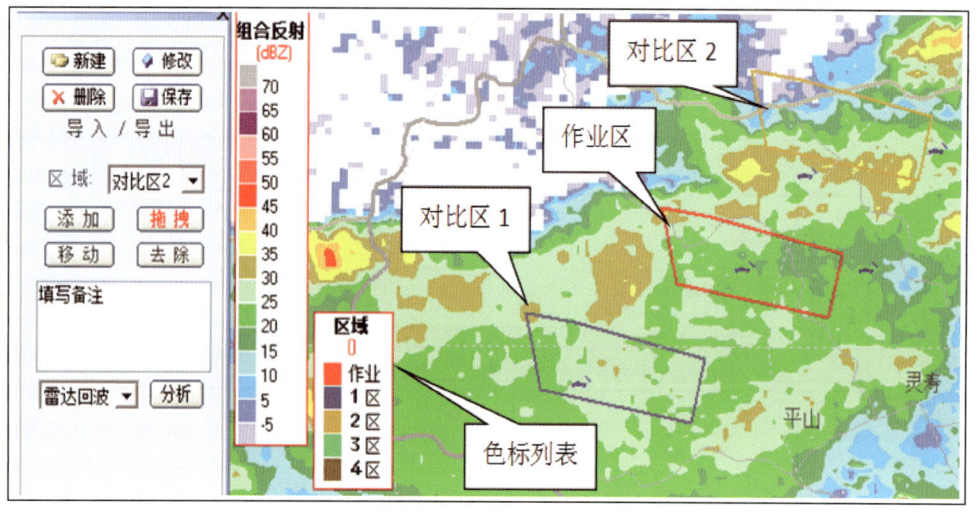

图 3.10.4

（2）点击" 添加 "可以根据需要自行绘制对比区。

5．选择" 移动 "按钮可以对作业区、对比区进行位置调整。

6．选择" 去除 "按钮可以删除相应的作业区或对比区。

7．点击" 保存 "按钮保存制作完成的作业区和对比区。

8．在影响/对比区确定面板中选择"雷达回波"（必须要加载雷达数据），然后点击" 分析 "按钮，则显示回波对比分析结果。如图 3.10.5 所示。

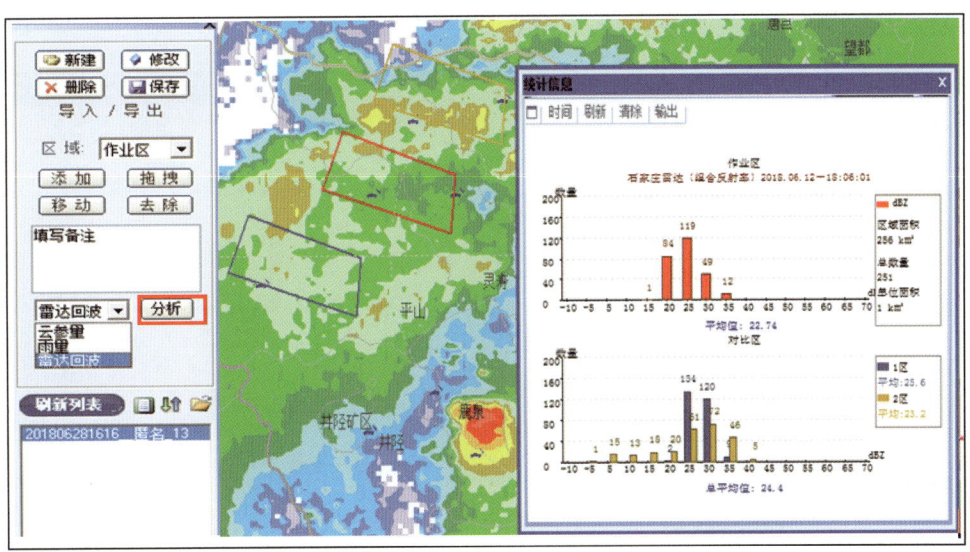

图 3.10.5

> **提示：** 在数据列表中选择不同时刻的雷达数据，则对比分析的结果也会相应发生变化。

9. 在影响/对比区确定面板中选择"雨量"（必须要加载雨量数据），然后点击"分析"按钮，则显示雨量对比分析结果。如图 3.10.6 所示。

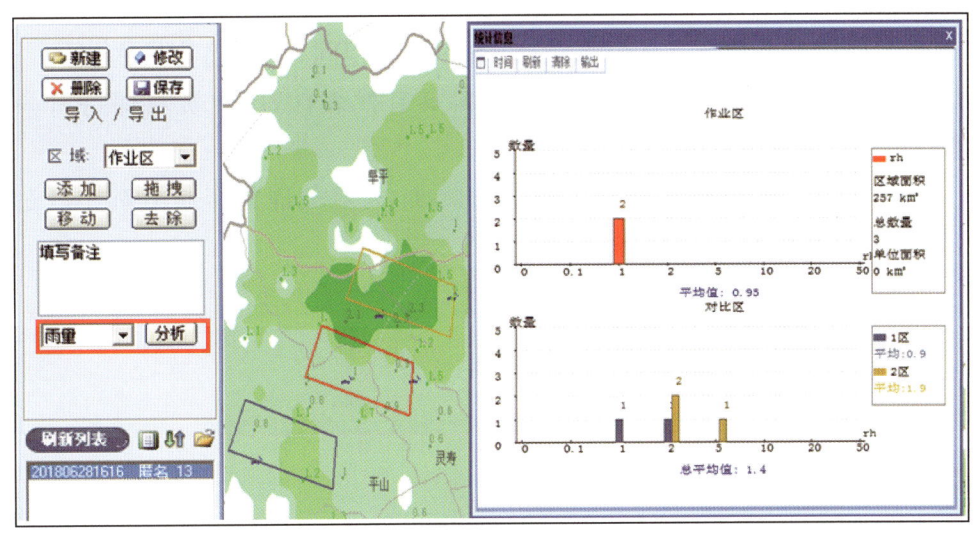

图 3.10.6

10. 在影响/对比区确定面板中选择"云参量"（必须要加载卫星反演产品），然后点击"分析"按钮,则显示卫星反演产品对比分析结果。如图 3.10.7 所示。

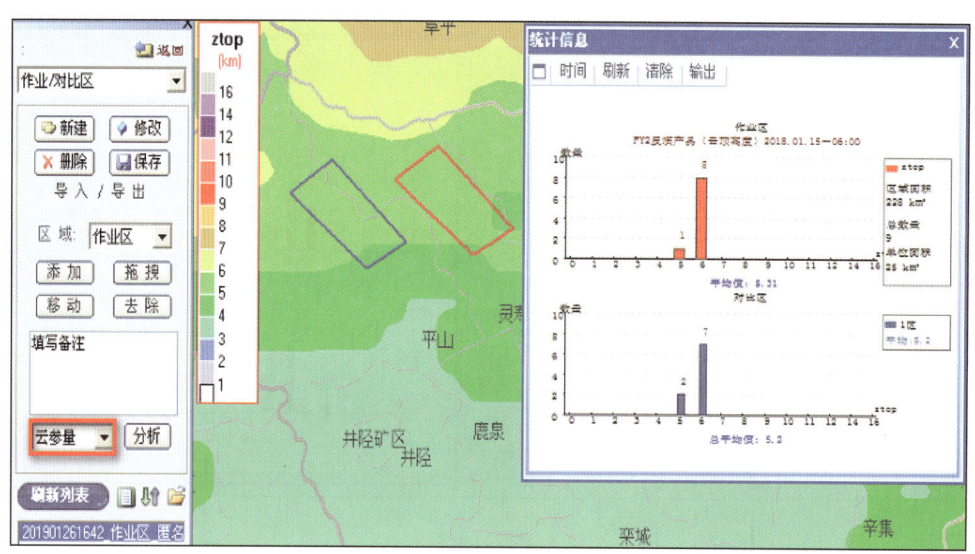

图 3.10.7

━━━━━━━━━━━━━━━ **扩展知识** ━━━━━━━━━━━━━━━

影响区是指受催化影响的区域,而对比区是指不受催化影响的区域。对比区的选择一般应满足以下几点要求:

1. 两区的地形大体相仿,区域面积大小基本相当。
2. 两区所受的天气系统和主要云系条件基本相同,降雨趋势基本相同。
3. 两区的雨量站点分布合理,观测资料具有代表性,历史资料保持有一定的长度和持续性。
4. 对比区位于上风向或垂直于风向的侧面,为避免催化作业给对比区造成影响,一般对比区距离影响区 10～30km。

3.11 雨量累积计算

提示: 雨量数据已经加载。

1. 选择"作业效果物理检验→雨量累计计算"菜单,显示雨量累计计算对话框,如图 3.11.1 所示。
2. 在雨量累计计算对话框中设置雨量文件数据源路径、累计起止日期及时

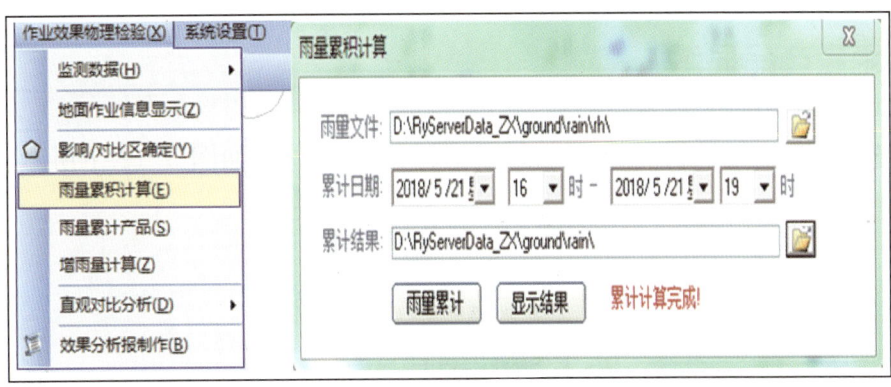

图 3.11.1

间、雨量累计产品结果存放路径。

3. 在雨量累计计算对话框中点击"雨量累计"按钮进行雨量累积计算,计算完成后提示"累计计算完成"的信息。

4. 在雨量累计计算对话框中点击"显示结果"按钮,切换到雨量累计产品显示,如图 3.11.2 所示。

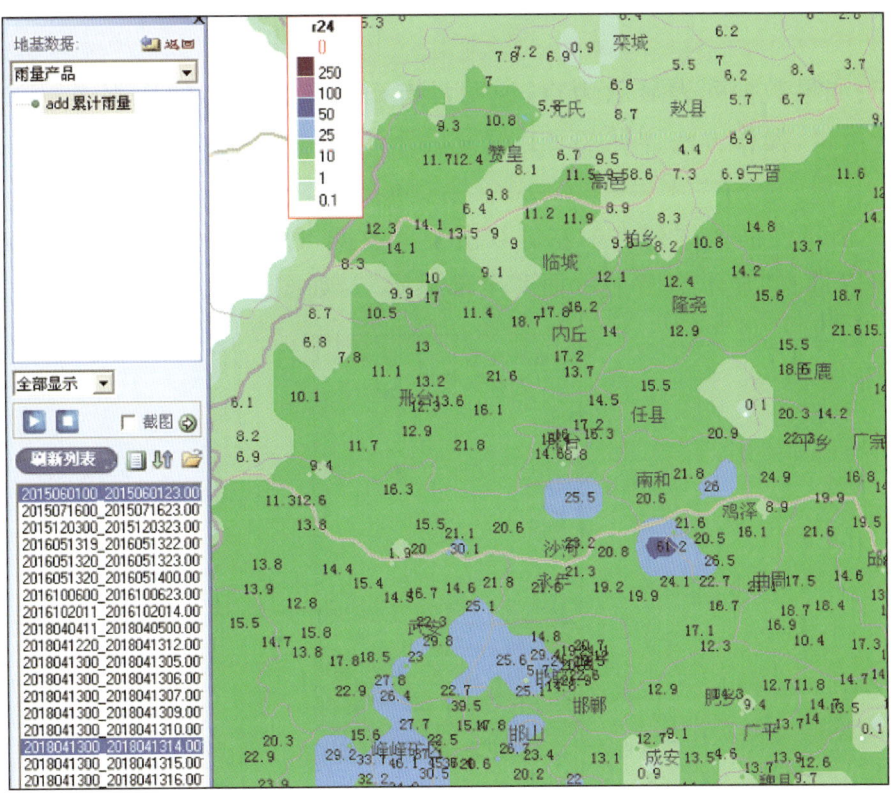

图 3.11.2

3.12 雨量产品显示

1. 选择"作业效果物理检验→雨量累计产品"菜单,如图 3.12.1 所示。

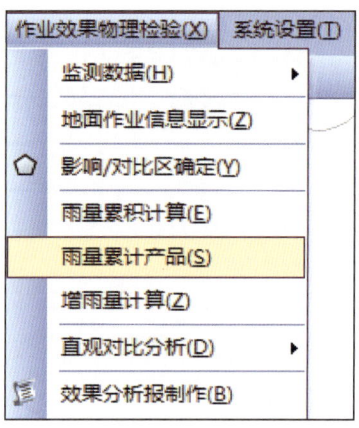

图 3.12.1

2. 单击左键选择"add 累计雨量",数据列表显示已经存储的雨量累计产品。

> **提示:** 如果数据列表显示为空,说明没有雨量累计产品的数据,需要计算累计雨量,操作方法详见"3.11 雨量累计计算"。

3. 在雨量产品数据列表中左键双击某个数据,显示雨量累计产品的结果。显示方式可以选择"显示点""显示面""全部显示"。如图 3.12.2 所示。

图 3.12.2

3.13 增雨量计算

> **提示：**已经加载雨量产品。

1. 选择"作业效果物理检验→增雨量计算"菜单，弹出增雨量对话框，如图 3.13.1 所示。

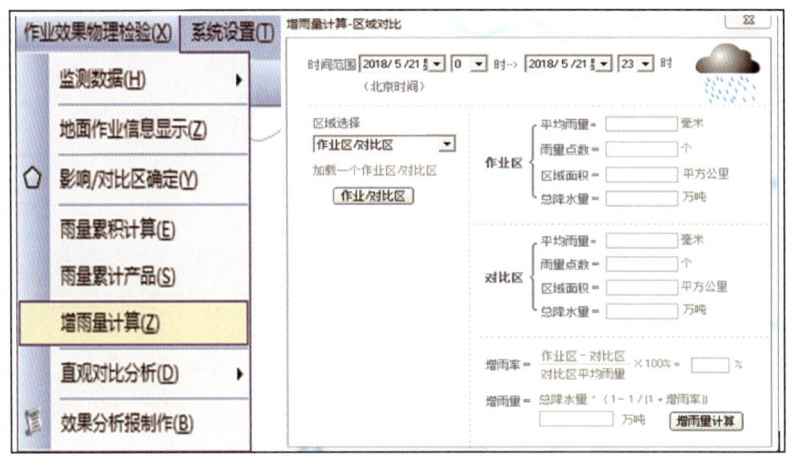

图 3.13.1

2. 在增雨量计算对话框中设置雨量统计时间范围（如果时间范围与已经加载的雨量产品时间一致，则不再进行雨量累计计算）。

> **提示：**如果没有"雨量产品"数据，则需要进行雨量累积计算，详见"3.11 雨量累计计算"。

3. 在增雨量计算对话框中区域选择下拉菜单的设置。

（1）选择"作业/对比区"，然后点击"作业/对比区"按钮，系统自动选择已经保存的"作业/对比区"数据计算区域。若没有"作业/对比区"数据，则参考"3.10 影响/对比区确定"进行操作。

（2）选择"选择行政区"，在作业行政区、对比行政区分别勾选计算区域，如图 3.13.2 所示。

4. 在增雨量计算对话框中点击"增雨量计算"，计算完成后弹出"完成"信息框，并显示计算结果。如图 3.13.3 中（1）所示作业/对比区增雨量对比计算结果；如

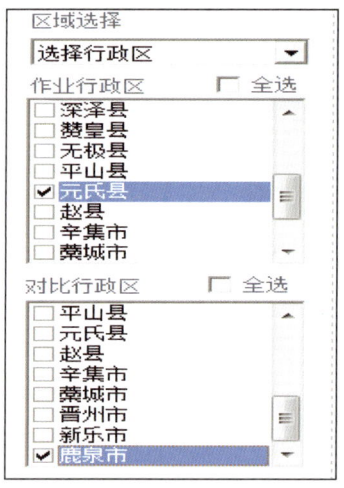

图 3.13.2

图 3.13.4 中(2)所示行政区增雨量对比计算结果。

提示： 如果没有"雨量产品"数据，则弹出"雨量值为零"的信息框，需要进行雨量累积计算，详见"3.11 雨量累计计算"。

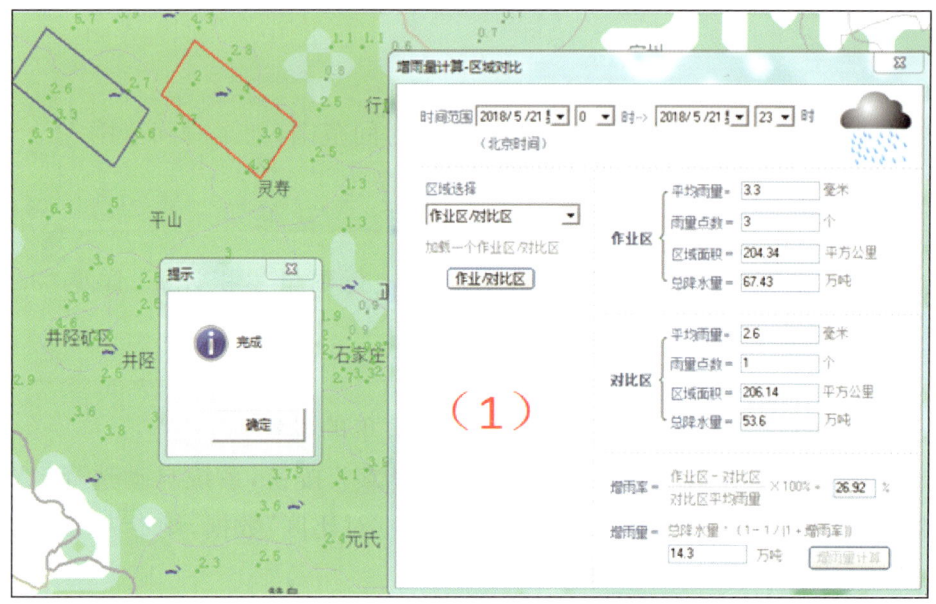

图 3.13.3

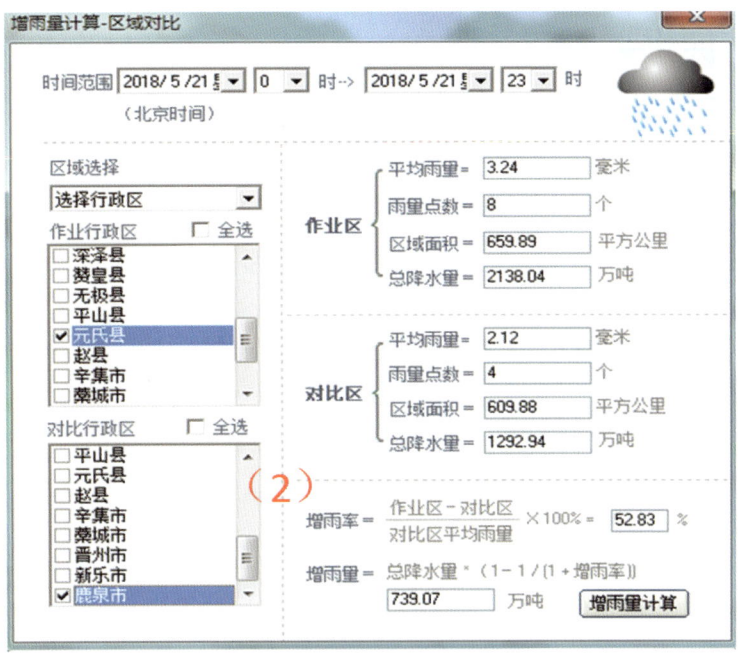

图 3.13.4

3.14 直观对比分析

> **提示：** 雨量数据或雷达数据或卫星反演产品已经加载显示，并且作业/对比区数据已经打开。

1. 选择"作业效果物理检验→直观对比分析→雷达对比或雨量对比或云参数对比"菜单，如图 3.14.1 所示。

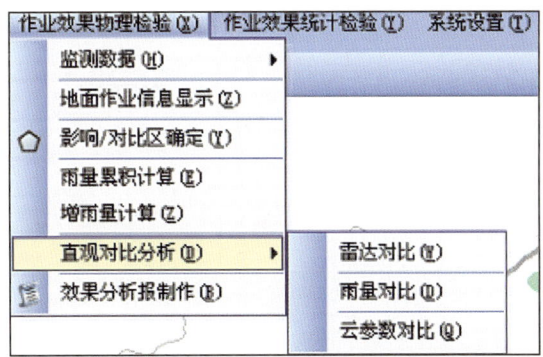

图 3.14.1

> **提示:** 若弹出的"统计信息"对话框显示空白,说明没有加载"作业/对比区"数据。
>
> 　　在菜单栏选择"作业效果物理检验→影响/对比区确定"或者在工具箱中选择" "按钮,加载已经保存的"作业/对比区"数据。如果没有存储的"作业/对比区"数据,参照"3.10 影响区与对比区确定"方法。

2. 在数据面板的数据类型下拉菜单中选择"雨量""雷达回波""云参量"中的一项。如图 3.14.2 所示。

图 3.14.2

3. 点击控制面板的" 分析 "按钮,系统自动进行统计分析并显示计算结果。"雨量对比""雷达回波对比"和"云参量"统计分析结果分别如图 3.14.3、3.14.4 和 3.14.5 所示。

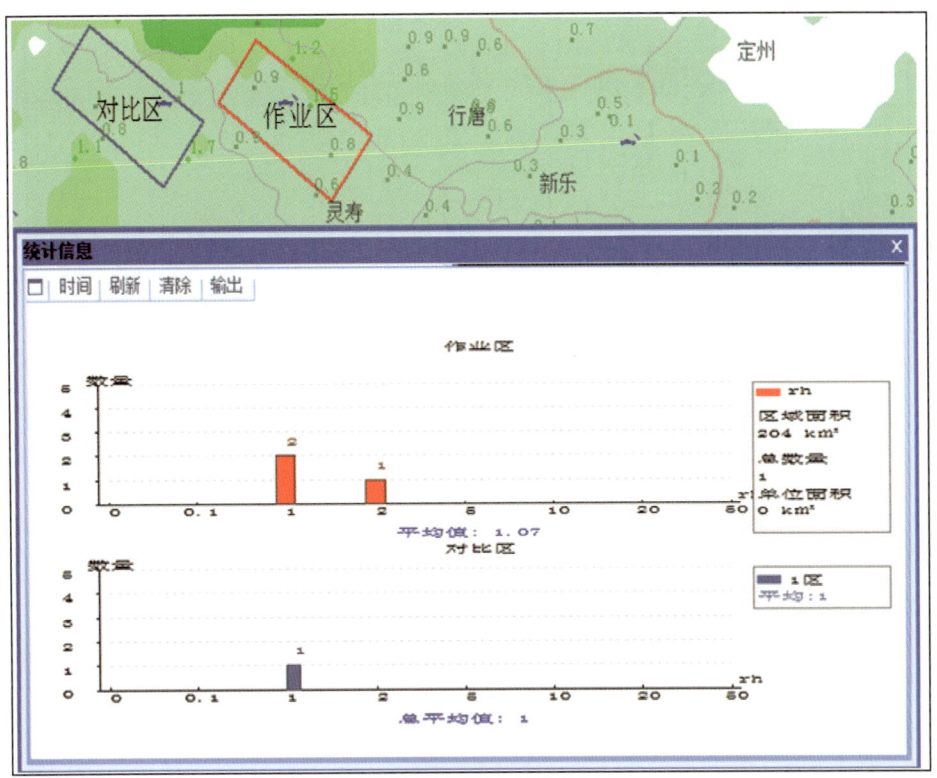

图 3.14.3

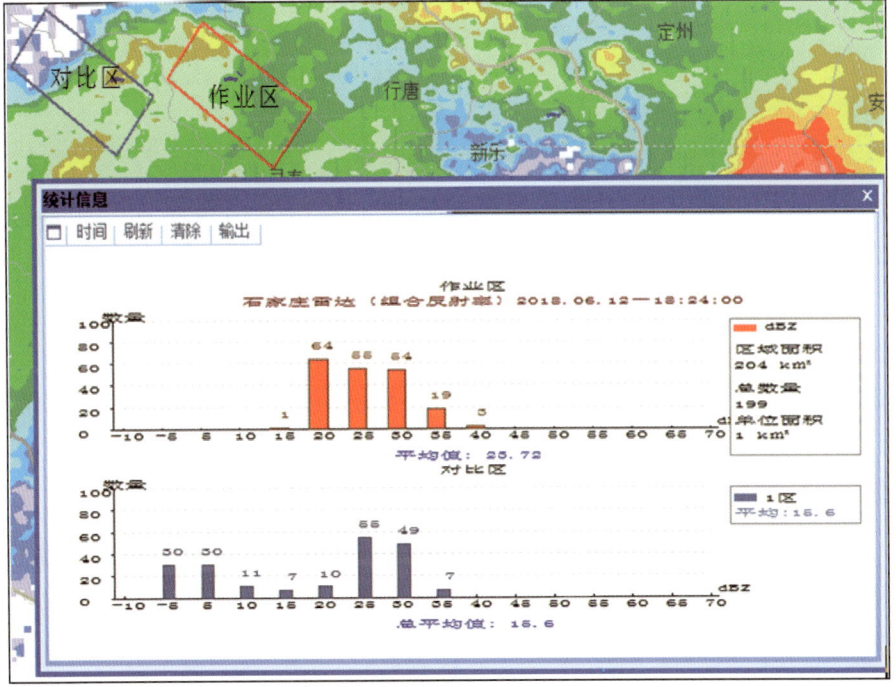

图 3.14.4

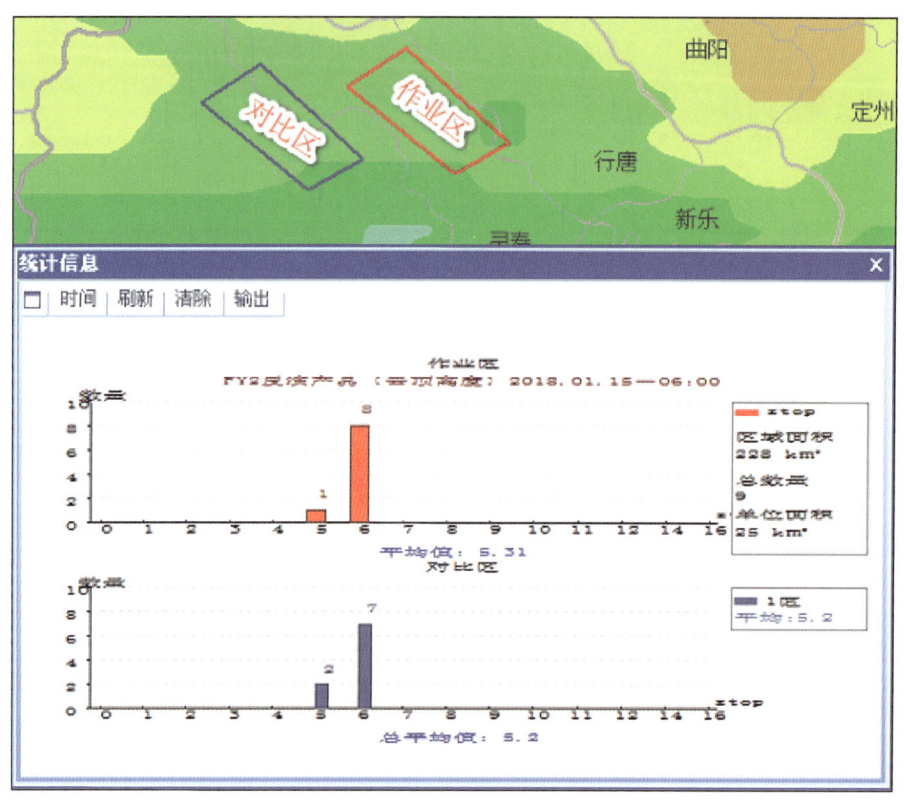

图 3.14.5

3.15 效果分析报制作

> **提示:** 1. 已经加载显示雨量累计产品数据。若没有雨量累计产品数据,请参阅"3.11 雨量累计计算"。
> 　　2. 已经进行"增雨量计算"。请参阅"3.13 增雨量计算"。

1. 选择"作业效果物理检验→效果分析报制作"菜单,弹出产品制作对话框,如图 3.15.1 所示。

2. 填写"标题""单位""期号""总期""编辑人""签发人"等内容。

3. 点击"保存"按钮保存 word 文档格式的效果分析报文件。制作好的"效果分析报"如图 3.15.2 所示。

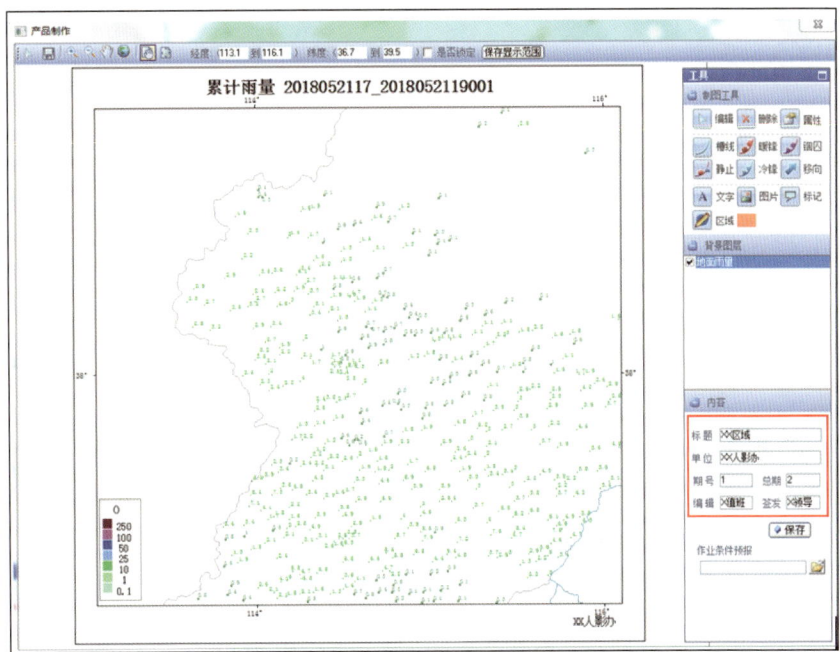

图 3.15.1

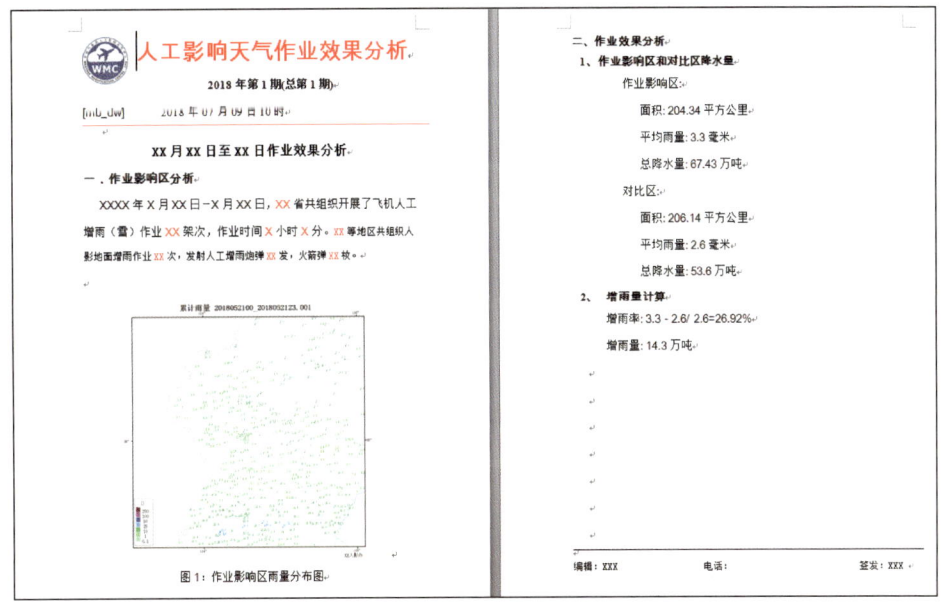

图 3.15.2

提示: 文档的内容可以根据实际情况进行修改。

3.16 地图浏览

地图浏览功能包括：缩放、全图、前图、后图，如图3.16.1所示。

图 3.16.1

1. 在工具箱上点击"缩放"按钮，在地图显示区按住左键拖动可以移动地图；双击左键或者向下滚动鼠标滚轮可以放大地图；双击右键或者向上滚动鼠标滚轮可以缩小地图。

2. 在工具箱上点击"全图"按钮，当前显示的地图焦点就会转移到本地区。如当前显示的地图焦点是北京地区，点击"全图"按钮后，焦点就会转移到石家庄地区。

3. 在工具箱上点击"前图"或"后图"按钮，则显示上一次或下一次视图内容。

3.17 通用分析

通用分析包括：空间、时间、统计、对比、联动、参数、T-Re。通用分析的工具，如图3.17.1所示。

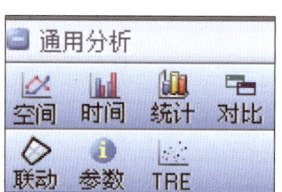

图 3.17.1

借助通用分析工具，可以实现对多种产品的交互分析。如表3.17.1所示。

表 3.17.1

产品名称	分析工具	使用权限
雷达	空间、时间	市、县级
小时雨量	空间、时间	市、县级
探空	空间、时间	市、县级
卫星反演产品	空间、时间、T-Re	市级
模式产品	空间	市级

3.17.1 空间分析

在工具箱上点击""按钮,可以实现对雷达、雨量、探空、卫星反演产品、模式产品的剖面分析和显示。

3.17.1.1 雷达数据空间分析

> **提示:** 雷达数据已加载显示,且为当前活动层(即在控制面板中显示为红色)。

1. 在数据列表中双击左键选择某个时刻的雷达数据。如图 3.17.2 所示。

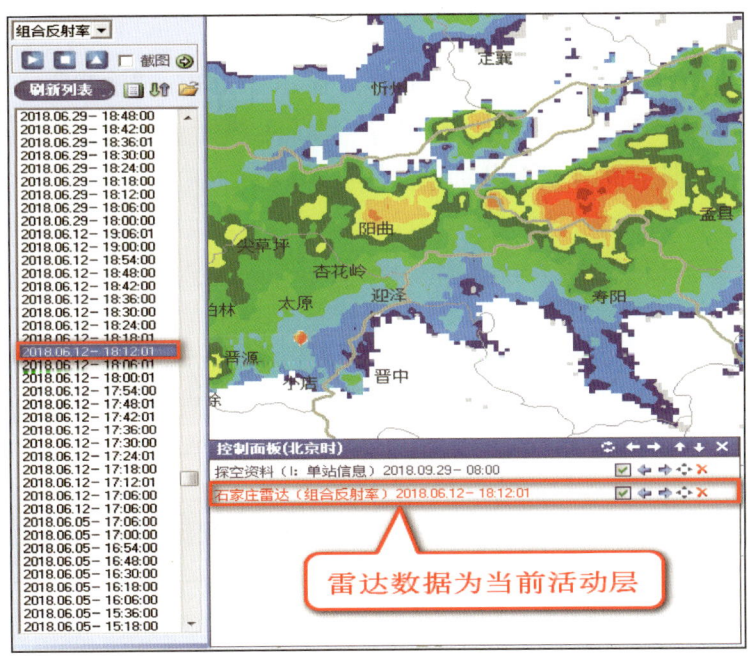

图 3.17.2

2. 在工具箱上点击""按钮,然后在回波图上按住左键作为剖线起始点,按照所需方向移动鼠标,移动至剖线终点时松开左键,就会显示该剖线的雷达数据空间分析结果。如图 3.17.3 所示。

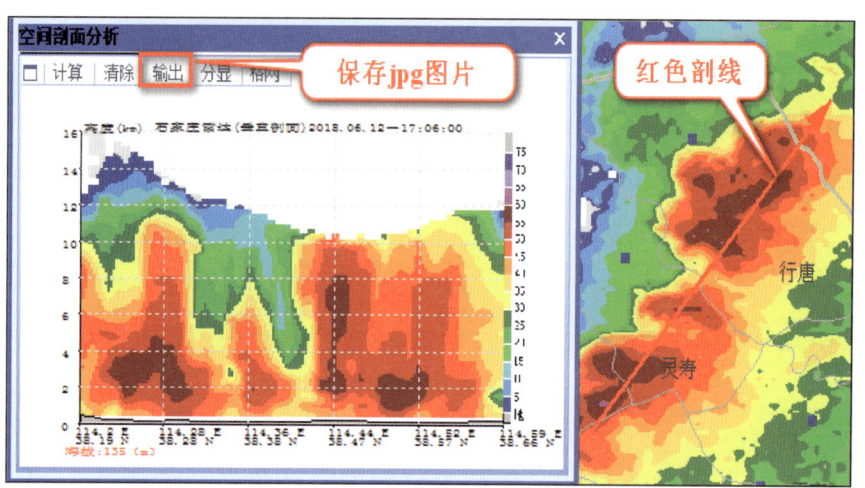

图 3.17.3

3. 若保存该时刻剖面分析图像,则单击显示框上边的"输出"。

提示: 雷达数据空间分析是指垂直剖面产品(VCS)。

3.17.1.2 雨量空间分析

提示: 雨量数据已加载显示,且为当前活动层(即在控制面板中显示为红色)。

1. 在数据列表中双击左键选择某个时刻的雨量数据。如图 3.17.4 所示。

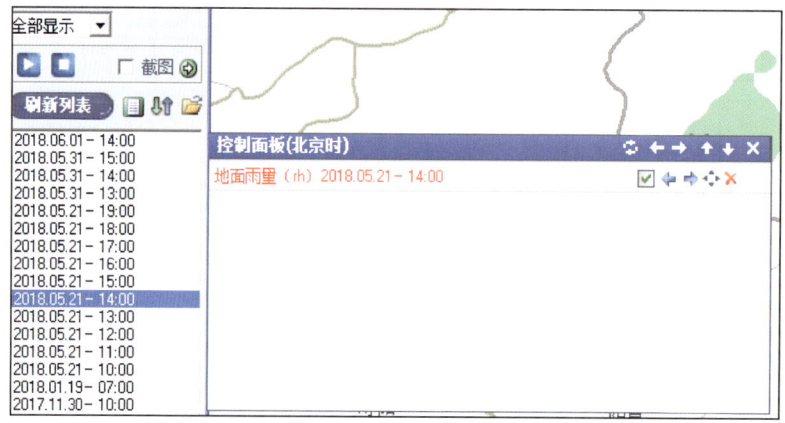

图 3.17.4

2. 在工具箱上点击"空间"按钮,然后在数据显示区上按住左键作为剖线起始点,按照所需方向移动鼠标,移动至剖线终点时松开左键,就会显示该剖线的雨量数据空间分析结果。如图 3.17.5 所示。

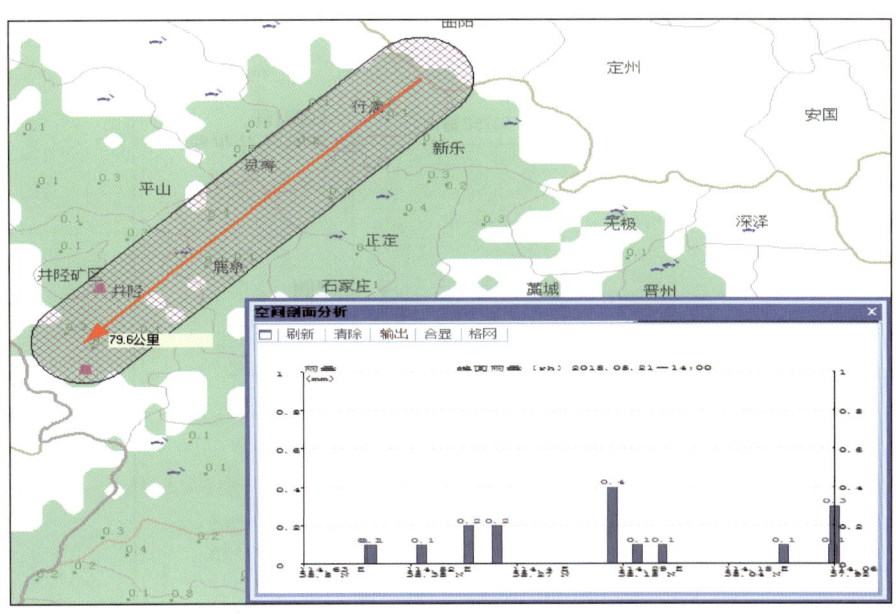

图 3.17.5

3. 若要保存剖面分析的图像,则单击显示框上边的"输出"。

3.17.1.3 探空数据空间分析

> **提示:** 探空数据已经加载,而且 L 波段探空数据为当前活动层(即在控制面板中显示为红色)。

1. 在数据列表中双击左键选择某个时刻的探空数据。如图 3.17.6 所示。

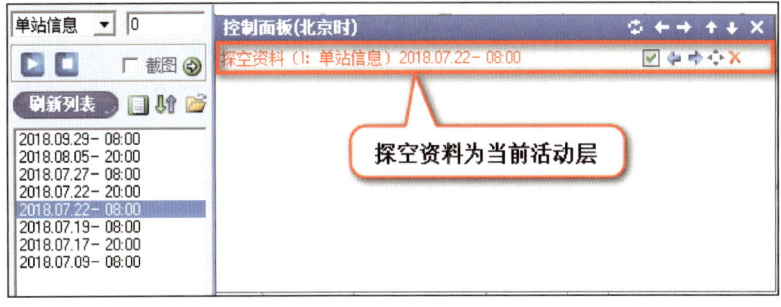

图 3.17.6

2. 在工具箱上点击""按钮,然后在探空站点 (邢台站的站号为:53798)单击左键开始画线,再单击左键确定线段终点,最后再单击右键结束操作,系统自动显示选择的探空站点的空间分析结果。如图 3.17.7 所示。

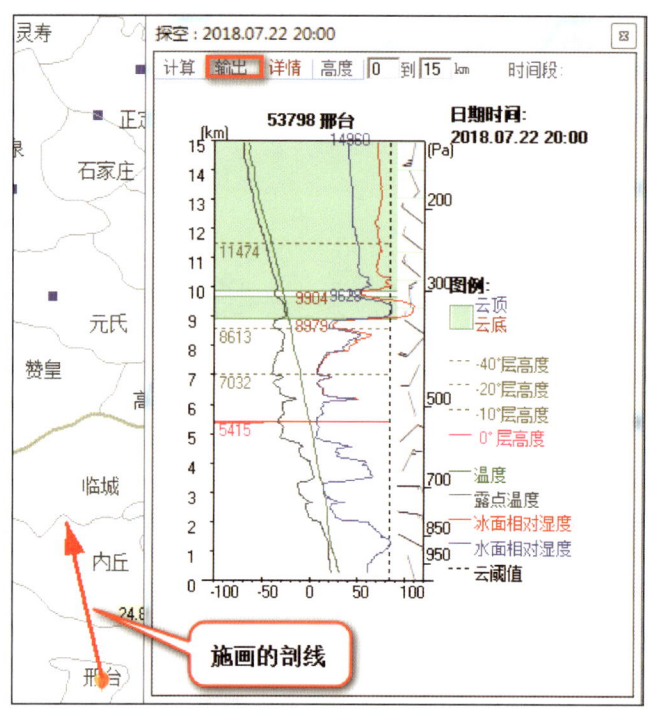

图 3.17.7

3. 若要保存剖面分析的图像,则单击显示框上边的"输出"。

---------- 扩展知识 ----------

系统应用探空秒数据,利用相对湿度阈值法分析云的垂直结构(包括云底、云顶、云厚以及多层云的垂直分布)。

图 3.17.8 为邢台站 8 月 5 日 20 时的探空曲线图,从地面至 15km 的高空,风向依次为偏北风、东南风、西南风、东南风;当光标接近风矢符号时会显示风向风速信息,如图中右下角绿色虚线框内显示的是近地面的风速为 3m/s,风向为偏北风;红色虚线框内的显示云体的垂直分布情况:云体分为上、中、下 3 层,整个云体中存在 2 个夹层;上层云顶高为 4189m,底高为 4121m,厚度为 68m;中层云顶高 3549m,底高为 834m,厚度为 2715m;最底层云顶高为 299m,底高为 267m,厚度为 32m。0℃层高度为 5822m;－10℃层的高度为 7437m;近地面以及 834m 至 3200m 左右的高度内,相对湿度≥90%。

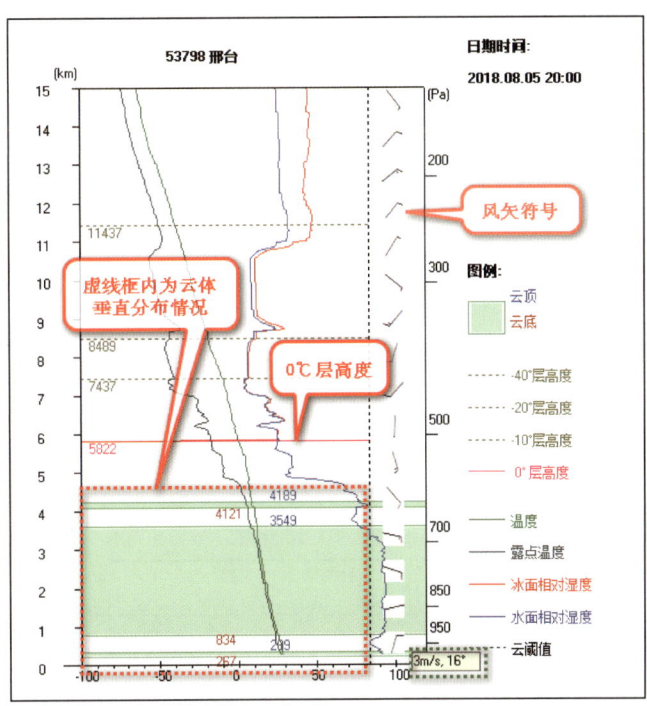

图 3.17.8

3.17.1.4 卫星反演产品空间分析

提示： 卫星反演产品已经加载，而且卫星反演产品为当前活动层（即在控制面板中显示为红色）。

1. 在数据列表中双击左键选择某个时刻的卫星反演产品。如图 3.17.9 所示。

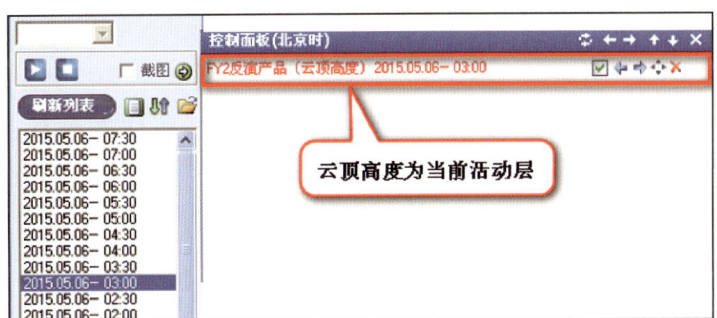

图 3.17.9

2. 在工具箱上点击""按钮，然后在数据显示区按住左键作为剖线起始点，按照所需方向移动鼠标,移动至剖线终点时松开左键,就会显示该剖线的卫星反演产品空间分析结果。如图 3.17.10 所示。

3. 若要保存剖面分析的图像,则单击显示框上边的"输出"。

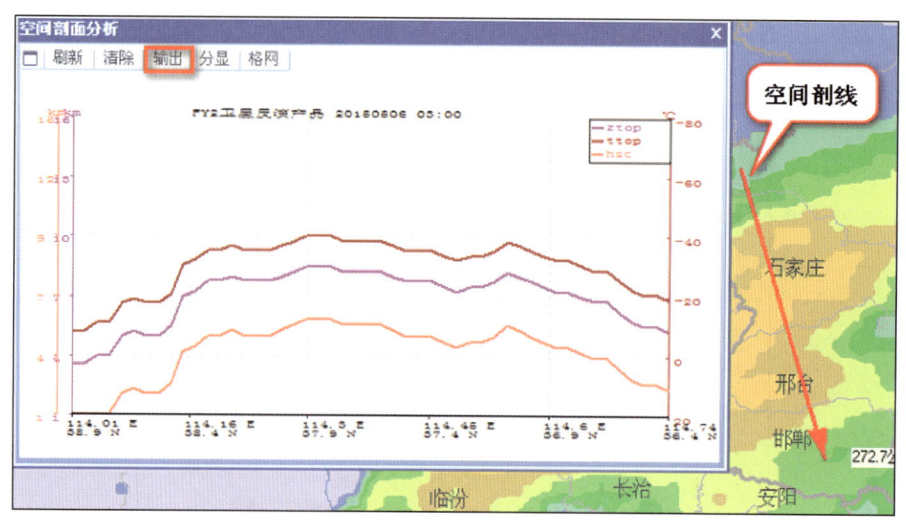

图 3.17.10

3.17.1.5 雷达和雨量综合空间分析

提示: 雷达和雨量数据已经加载显示。如图 3.17.11 所示。

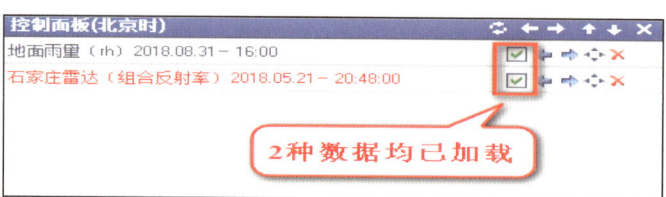

图 3.17.11

1. 在工具箱上点击""按钮,然后在数据显示区按住左键作为剖线起始点,按照所需方向移动鼠标,移动至剖线终点时松开左键,显示该剖线的雷达、雨量数据空间分析结果。如图 3.17.12 所示。

2. 若选择"分显",则每种产品的剖面分析结果单独显示,如图 3.17.12 所示;若选择"合显",则所有产品的剖面分析结果叠加在一起显示,如图 3.17.13 所示。

3. 若要保存剖面分析的图像,则单击显示框上边的"输出"。

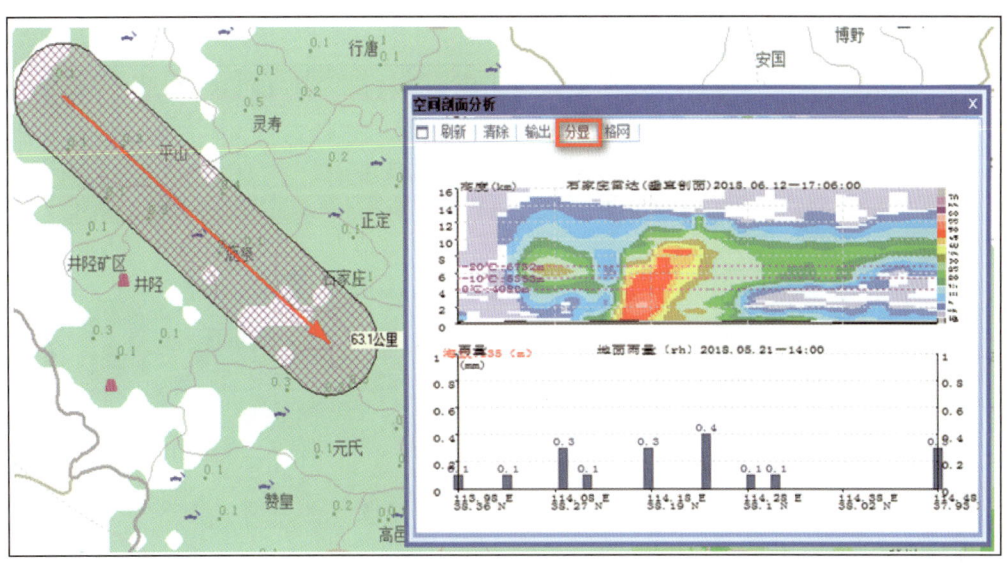

图 3.17.12

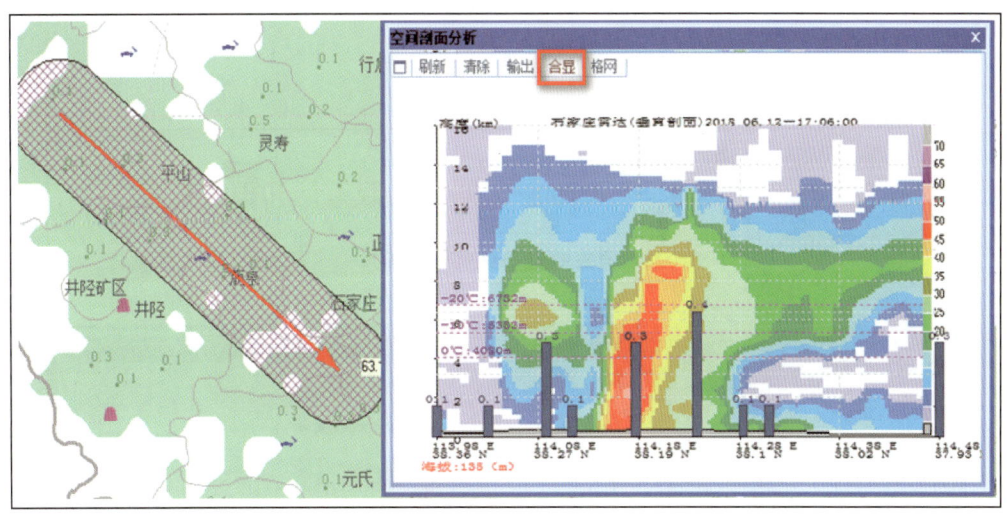

图 3.17.13

3.17.1.6 空间分析联动

提示: 雷达或雨量亦或雷达和雨量数据正处于空间分析状态。

1. 在工具箱中选择" "按钮,光标变为" "符号。

2. 选择当前已有的空间分析剖面线,按住左键移动剖面线到新的位置并松开左键,空间剖面分析对话框就会显示移动后位置的剖面图。如图 3.17.14 和

3.17.15 所示。

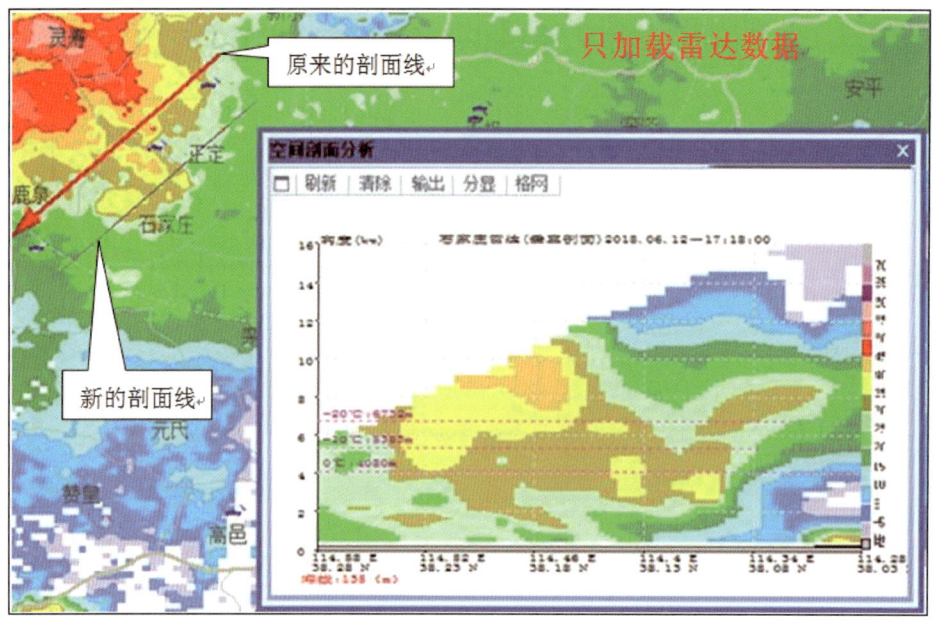

图 3.17.14

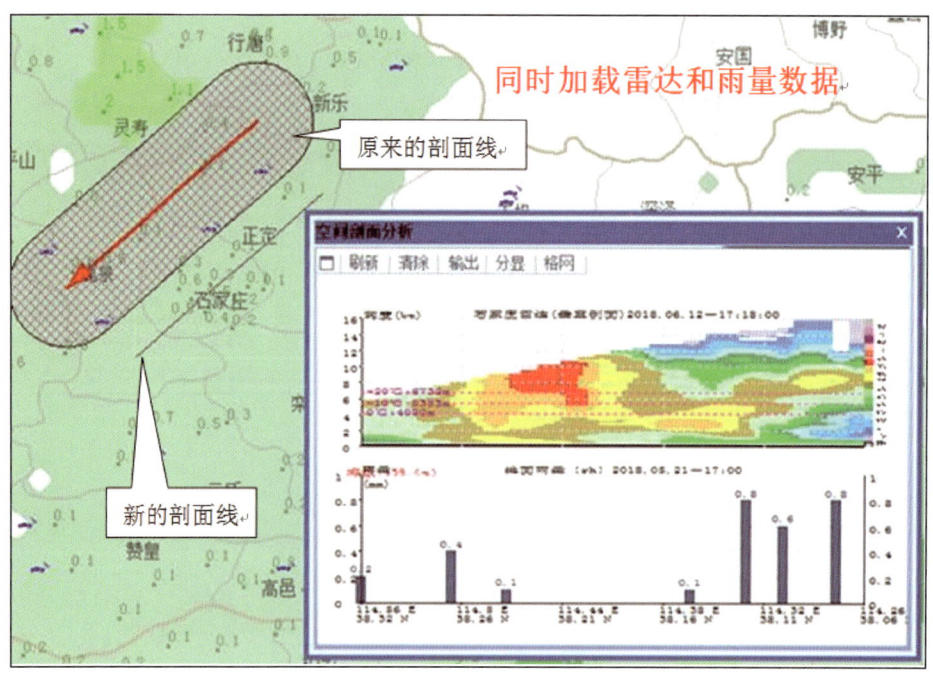

图 3.17.15

3.17.1.7 模式产品剖面分析

1. 在数据列表中双击左键选择某个时刻的模式产品数据,然后在模式产品子类别列表中(形势场、云宏观场、云微观场、降水场)单击左键选择相应的产品名称。如图 3.17.16 所示。

图 3.17.16

2. 在数据面板的"预报时效"下拉菜单中选择某个预报时间(1~48 小时)如图 3.17.17 所示。

图 3.17.17

3. 在工具箱的"通用分析"中选择""按钮,然后单击左键开始画剖线,同时按住左键移动至剖线终点时松开,系统自动弹出该剖线的"Qc,Ni and T"剖面图。如图 3.17.18 所示。

4. 在"模式垂直剖面"的下拉菜单中选择"Qs+Qg,Qr and H",显示雪和霰、雨水、高度叠加的剖面图。如图 3.17.19 所示。

5. 若要保存剖面分析的图像,则单击显示框上边的"输出"。

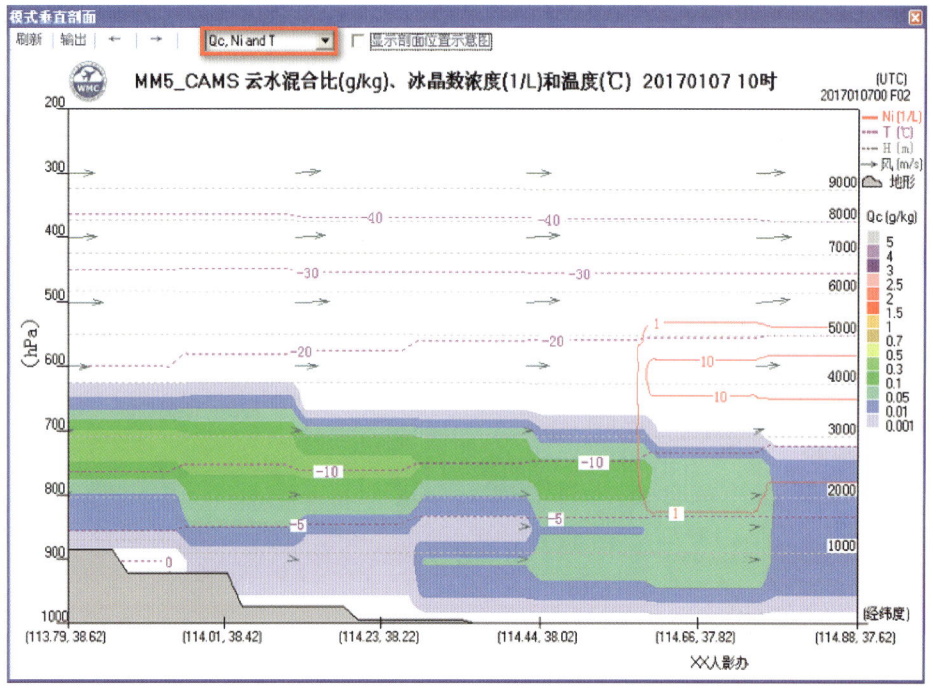

图 3.17.18

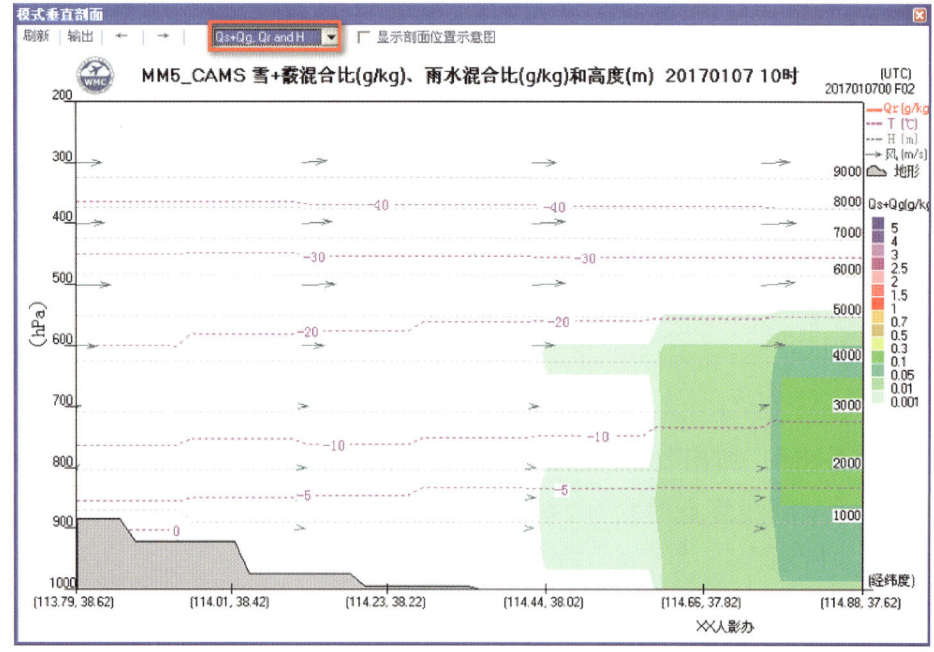

图 3.17.19

3.17.2 时间分析

在工具箱上点击"⏢"按钮,可以实现对雷达、雨量、探空、卫星反演产品的选定时段的时间序列分析和显示。

3.17.2.1 雷达数据时间序列分析

> **提示:** 雷达数据已经加载显示。而且雷达数据为当前活动层(即在控制面板中显示为红色)。

1. 在数据列表中选择某个时刻的雷达数据,使雷达数据为当前活动层。如图 3.17.20 所示。

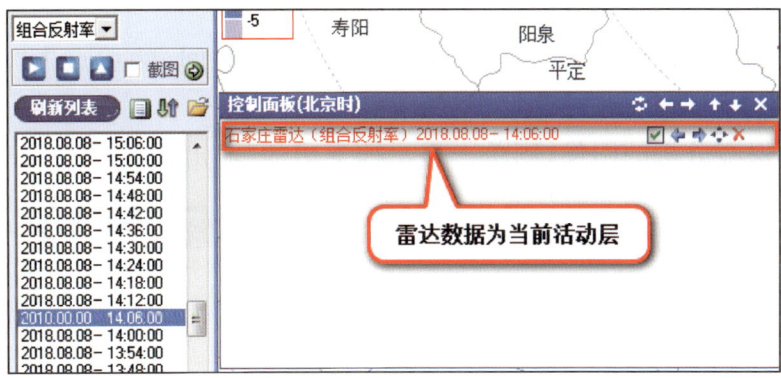

图 3.17.20

2. 在工具箱上点击"⏢"按钮,弹出时间序列分析对话框,在对话框中设置需要分析的时间段。如图 3.17.21 所示。

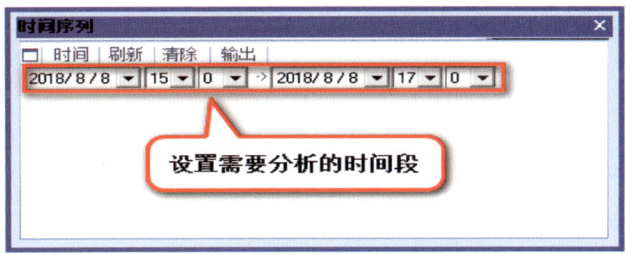

图 3.17.21

3. 在雷达回波显示区域内左键点击任意位置(以黑色矩形点表示选择的位置),时间序列对话框显示该位置的雷达回波时间序列分析结果。如图 3.17.22 所示。

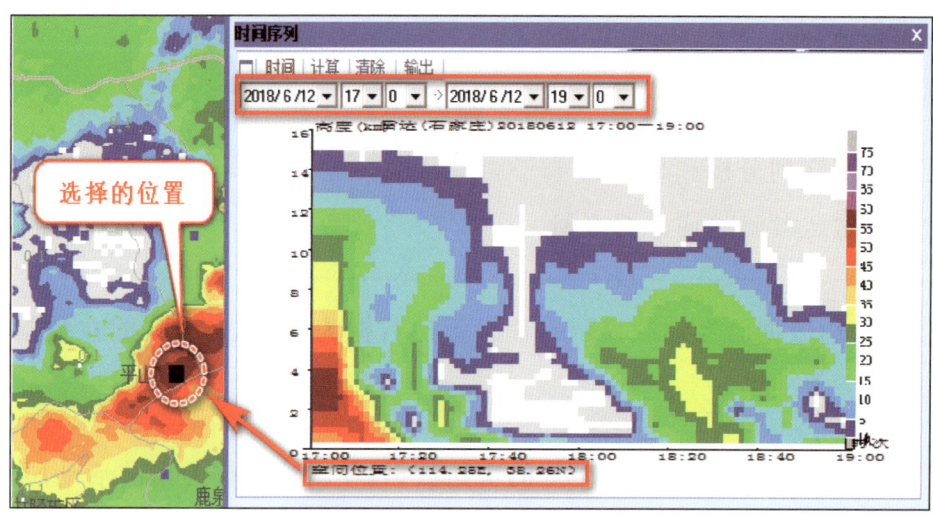

图 3.17.22

4. 如需更改分析的时间段,则在对话框中修改时间,然后点击"刷新"即可。如图 3.17.23 所示。

5. 若要保存分析的图像,则单击显示框上边的"输出"。

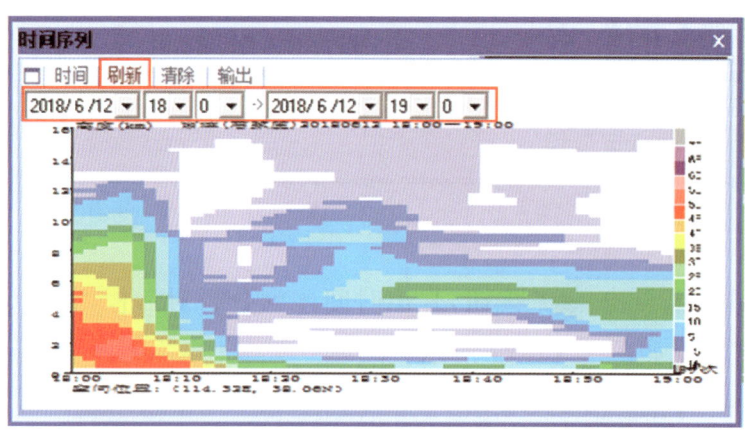

图 3.17.23

3.17.2.2 探空数据时间序列分析

> **提示:** 探空数据已经加载,而且 L 波段探空数据为当前活动层(即在控制面板中显示为红色)。

1. 在数据列表中选择某个时刻的探空数据,使 L 波段探空数据为当前活动层。如图 3.17.24 所示。

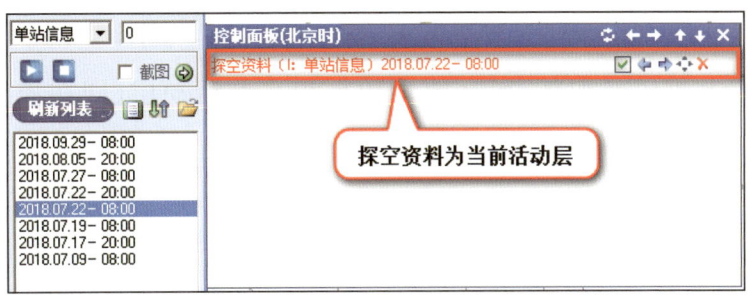

图 3.17.24

2. 在工具箱点击"▮▮"按钮,然后在数据显示区域内左键点击探空站点(以黑色矩形点表示探空站点的位置),时间序列对话框显示探空点的 L 波段探空数据时间序列分析结果。如图 3.17.25 所示。

3. 若需更改分析的时间段,则在对话框中修改时间,然后点击"刷新"即可。

4. 若要保存分析的图像,则单击显示框上边的"输出"。

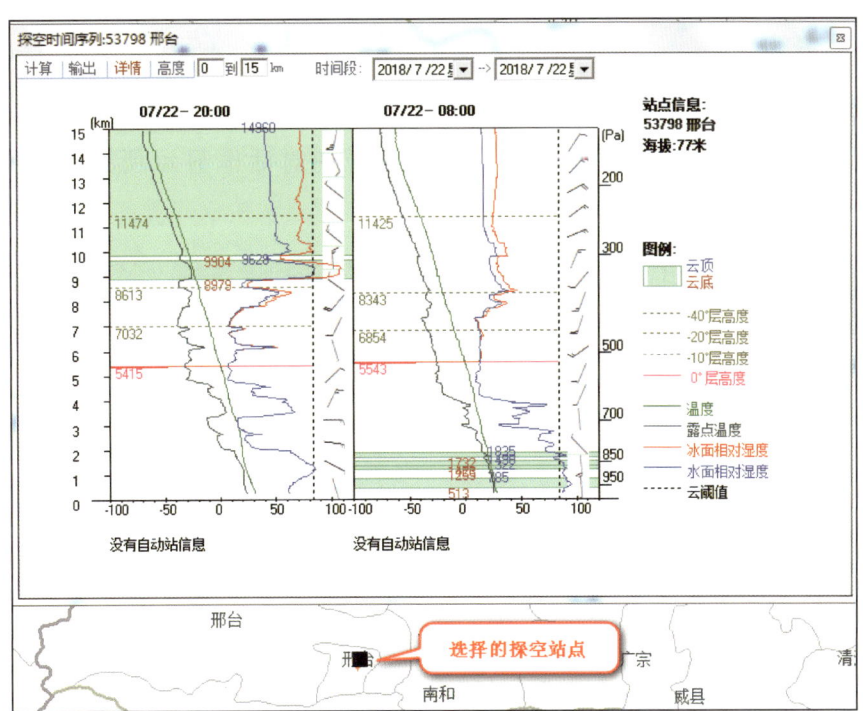

图 3.17.25

3.17.2.3 雨量数据时间序列分析

> **提示：** 雨量数据已经加载，而且雨量数据为当前活动层（即在控制面板中显示为红色）。

1. 在数据列表中选择某个时刻的雨量数据，使雨量数据为当前活动层。如图 3.17.26 所示。

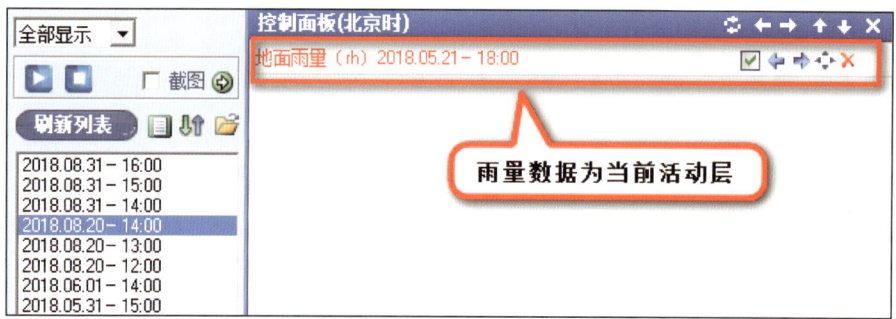

图 3.17.26

2. 在工具箱上点击""按钮，然后在降水区域内的任意位置左键点击(以黑色矩形点表示所选定的降水点的位置)，时间序列对话框显示所选位置降水时间序列分析结果。如图 3.17.27 所示。

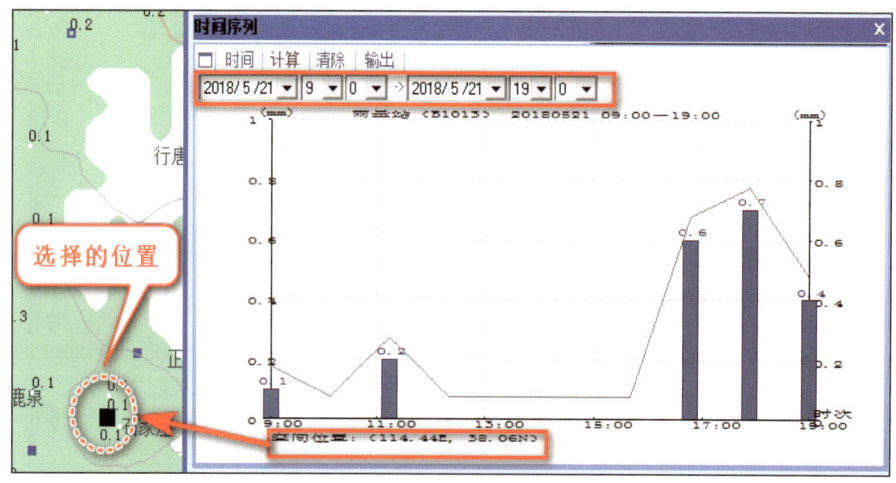

图 3.17.27

3. 若需更改分析的时间段，则在对话框中修改时间，然后点击"刷新"即可。
4. 若要保存分析的图像，则单击显示框上边的"输出"。

3.17.2.4 卫星反演产品时间序列分析

> **提示：** 卫星反演产品已经加载，而且卫星反演产品为当前活动层（即在控制面板中显示为红色）。

1. 在数据列表中双击左键选择某个时刻的卫星反演产品。如图 3.17.28 所示。

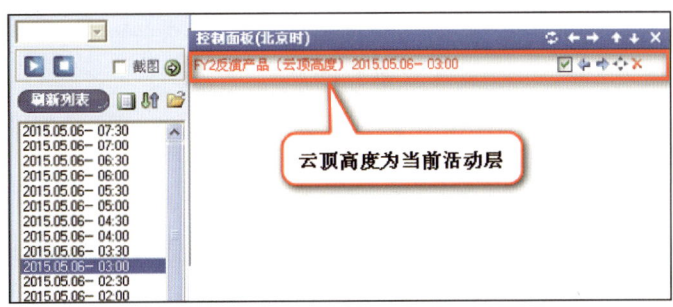

图 3.17.28

2. 在工具箱上点击""按钮，弹出时间序列分析对话框，在对话框中设置需要分析的时间段。如图 3.17.29 所示。

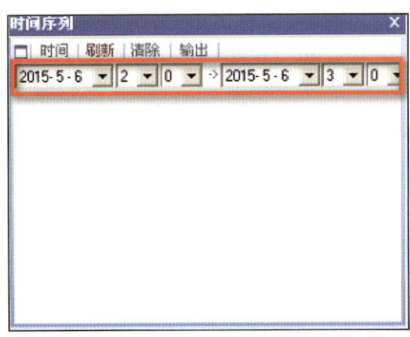

图 3.17.29

3. 在卫星反演产品显示区域内，左键点击需关注的位置(以黑色矩形点表示点击的位置)，时间序列对话框显示该位置的卫星反演产品时间序列分析结果。如图 3.17.30 所示。

4. 如需更改分析的时间段，则在对话框中修改时间，然后点击"刷新"即可。

5. 若要保存分析的图像，则单击显示框上边的"输出"。

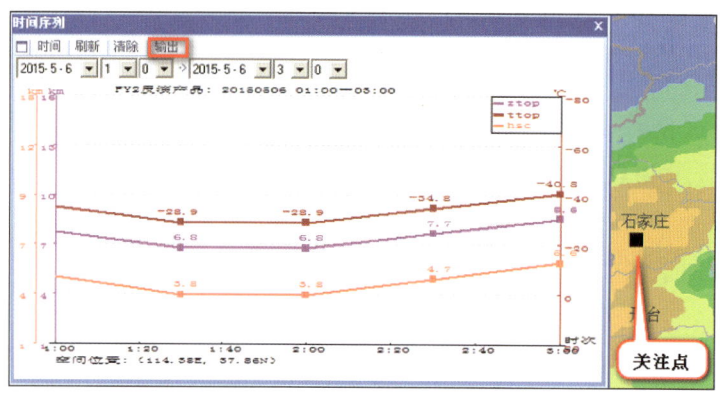

图 3.17.30

3.17.3 统计信息

可以统计指定区域的雷达回波、雨量信息,有利于从宏观角度分析云的各种物理量的分布特征。

1. 先加载需要统计的数据(可以是雷达回波、雨量)。
2. 在数据列表中选择相应时刻的雷达数据或雨量数据。
3. 在工具箱上点击"![统计]"按钮,然后左键点击开始画多边形区域,单击右键结束,(选择的多边形区域会以细网格线的形式标示)信息统计对话框就可以生成所选区域的统计信息。如图 3.17.31 和 3.17.32 所示。

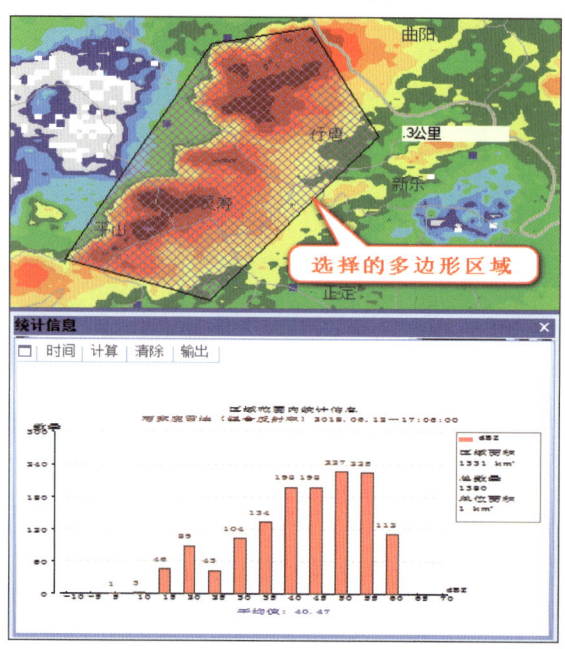

图 3.17.31

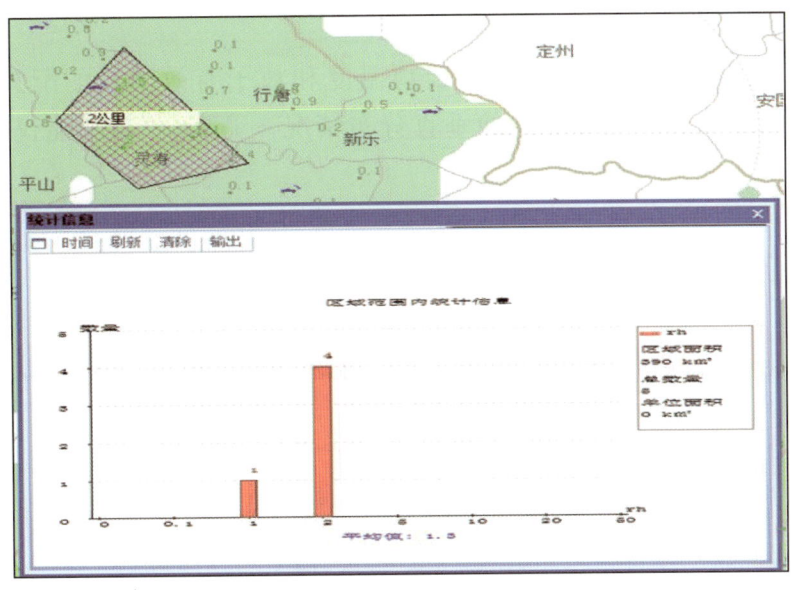

图 3.17.32

3.17.4 作业/对比区分析

具体操作方法详见"3.10 影响/对比区确定"。

3.17.5 参数信息

1. 先加载待查看参数信息的雷达数据。

2. 在工具箱上点击"参数"按钮，然后在雷达回波显示区域移动鼠标，参数信息框内将显示相关参数。如图 3.17.33 所示。

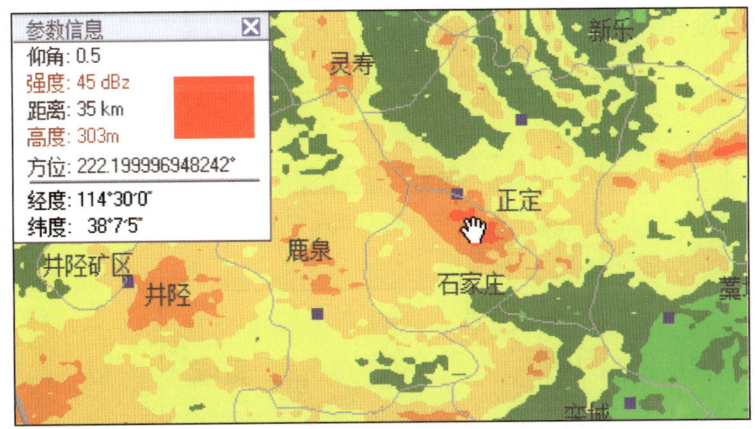

图 3.17.33

3.17.6 卫星 T-Re 分析

T-Re 曲线表示的是卫星反演的云顶温度和粒子有效半径的配置关系，可以直观地反映出对流云中粒子相态的垂直分布情况。T-Re 分析功能仅限于市级系统的早期版本。

3.18 辅助功能

辅助功能包括：测距、动画、分屏、定位、场景、截图、地形。如图 3.18.1 所示。

图 3.18.1

3.18.1 距离测量

1. 在工具箱中选择""按钮，在弹出的"量算"对话框中选择"长度"。如图 3.18.2 所示。

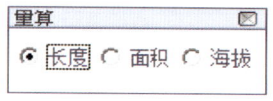

图 3.18.2

2. 在地图显示区按住左键，从测距起始位置移动鼠标至终点位置，松开鼠标左键，则显示线段和线段长度。如图 3.18.3 所示。

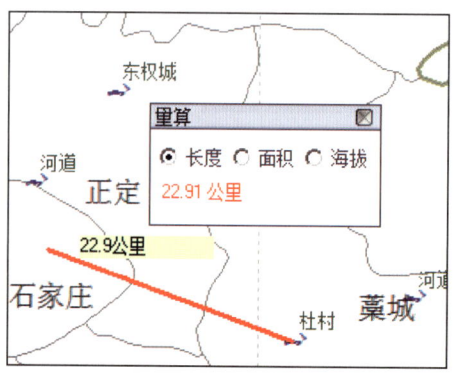

图 3.18.3

3.18.2 面积测量

1. 在工具箱中选择"测距"按钮,在弹出的"量算"对话框中选择"面积"。如图 3.18.4 所示。

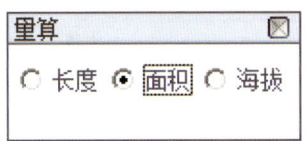

图 3.18.4

2. 在地图显示区按住左键开始画多边形区域,点击鼠标右键结束,则显示所画的红色线条标示的多边形区域及面积信息。如图 3.18.5 所示。

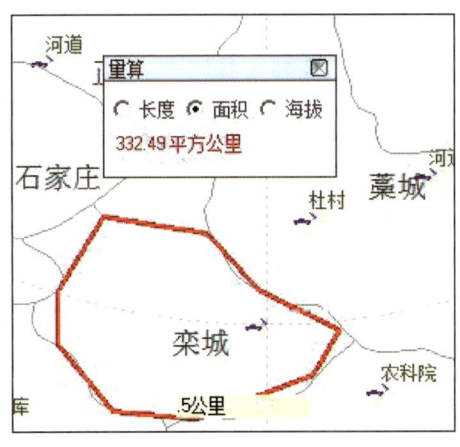

图 3.18.5

3.18.3 动画显示

提示: 需要加载动画显示的雷达或雨量数据。

1. 在工具箱中选择"动画"按钮,弹出动画回放设置对话框。如图 3.18.6 所示。

2. 选择动画播放的数据类别;设置播放的起始和终止时间范围;设置数据时效间隔(时效间隔分为:6、15、30、60 分钟)。

3. 设置完成后,点击"播放"按钮进行动画播放。也可以与空间剖面联动播放。如图 3.18.7 所示。

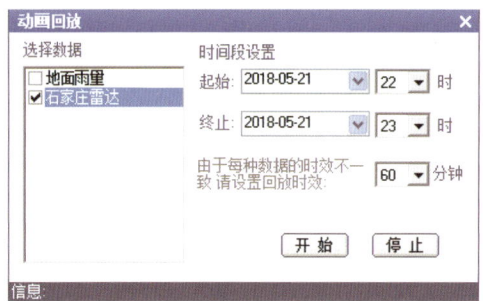

图 3.18.6

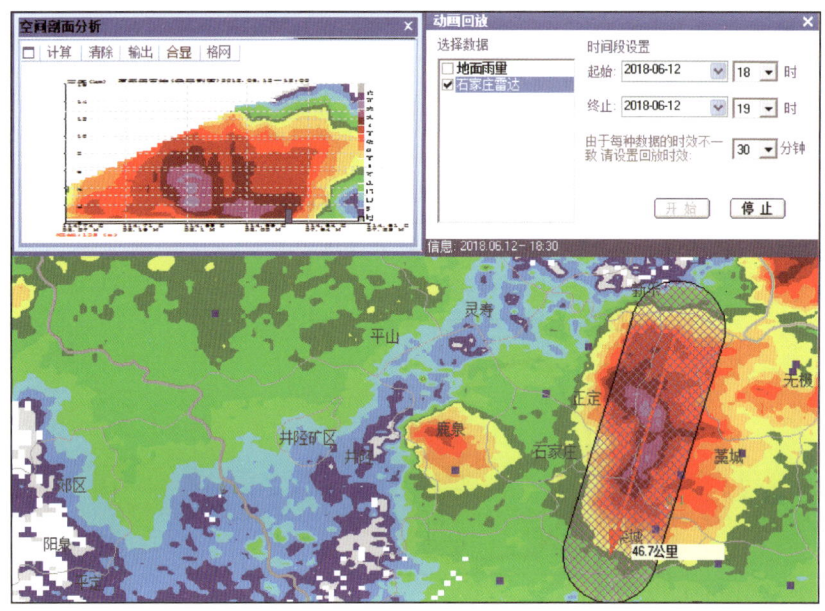

图 3.18.7

3.18.4 分屏显示

1. 在工具箱中选择""按钮,系统界面右侧显示三个窗口。如果连接四个显示器,分屏的三个窗口会自动在对应的显示器上显示。

2. 对于多要素的数据(如雷达数据包括回波速度、组合反射率、VIL、回波顶高等多个要素),系统在缺省状态下自动在三个窗口上显示该数据的主要要素。例如,雷达数据分屏显示的三个窗口分别是组合反射率、回波速度和 VIL。如图 3.18.8 所示。

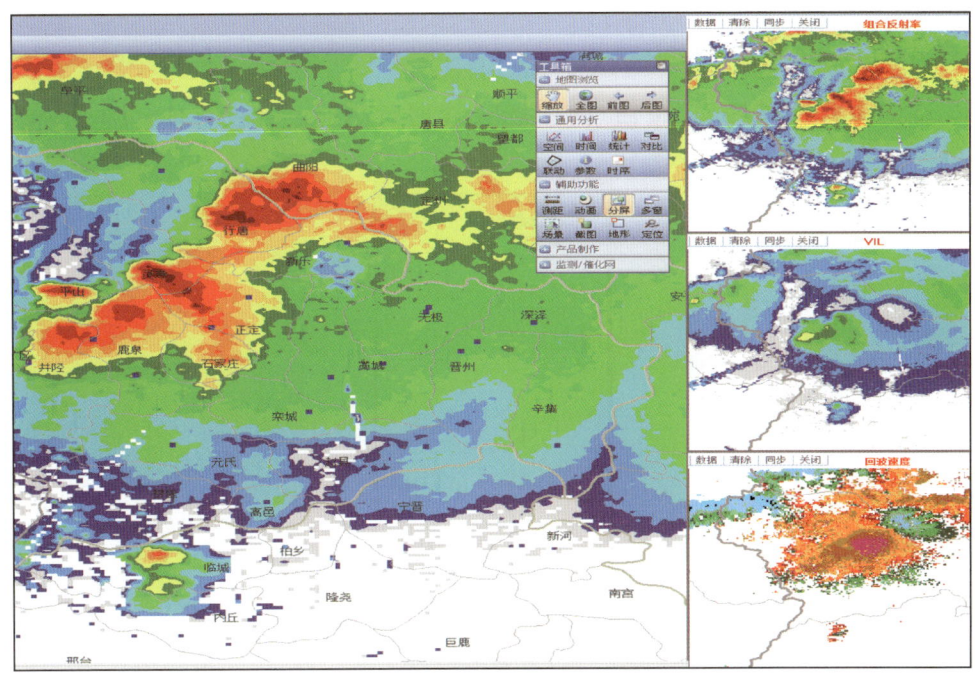

图 3.18.8

3.18.5 区域定位

在工具箱中选择"[定位]"按钮,弹出地图定位对话框,输入行政区名称(如石家庄),然后点击"查询"按钮,系统自动定位至选择的行政区。如图 3.18.9 所示。

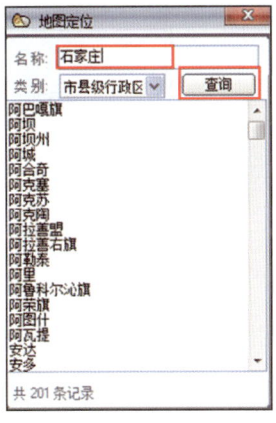

图 3.18.9

提示: 只能定位市级行政区!

3.18.6 场景管理

1. 在工具箱中选""按钮,弹出场景管理对话框。如图 3.18.10 所示。

图 3.18.10

2. 在对话框中"场景"单击右键,选择"添加",弹出添加场景对话框,输入项目名称,然后点击"确定"。如图 3.18.11 所示。

图 3.18.11

提示: 场景管理对话框中的" 保存当前范围 "和右键"添加"功能一致。将地图移动至某个地区后,点击"保存当前范围"或右键"添加",输入名称后即可保存当前地图显示的场景。若当前地图场景发生变化,左键选择已经添加的场景的名称,然后点击场景管理对话框上的"定位"按钮,则地图就会恢复至已经添加的场景处。

3. 在场景管理对话框中任意一个场景名称上单击右键,选择"删除"或选中一个场景名称后点击"删除"按钮,则场景被删除。

3.18.7 截图

1. 在工具箱选择""按钮,系统界面右侧显示截图列表窗口。

2. 移动或者缩放数据显示区的地图,然后再点击""按钮,右侧列表窗口自动增加截取的视图。

3. 重复第 2 步操作,可以增加多个截图。

4. 在截图列表窗口上任意点击一幅截图,可以对此进行放大显示,而且在放大显示窗口中点击"保存"按钮可以将截图保存到计算机。

3.19 专题图片制作

采用所见即所得的方式,提供添加图例、标题、注释、经纬网、边框等修饰功能,输出为 jpg 等多种格式的图片。如图 3.19.1 所示。

图 3.19.1

由于市、县级用户权限不同,因此,可以制作专题图片的数据类型也不尽相同。县级系统仅可制作雷达、雨量数据的专题图片;市级系统可制作模式产品、卫星反演产品、雷达、雨量数据的专题图片。

> **提示:**已经加载需要制作图片的相关数据。

1. 选择工具箱中"产品制作"下的""工具。弹出产品制作对话框,如图 3.19.2 所示。

2. 在产品制作对话框中选择制图工具对图片进行编辑。

3. 在产品制作对话框左上角点击""保存图片产品。

雨量数据和雷达数据的专题图片产品制作方法与上述操作步骤类似,在此不再赘述。

只针对雨量数据制作专题图片。

只针对雷达数据制作专题图片。

[任意] 可以对当前显示数据制作专题图片。

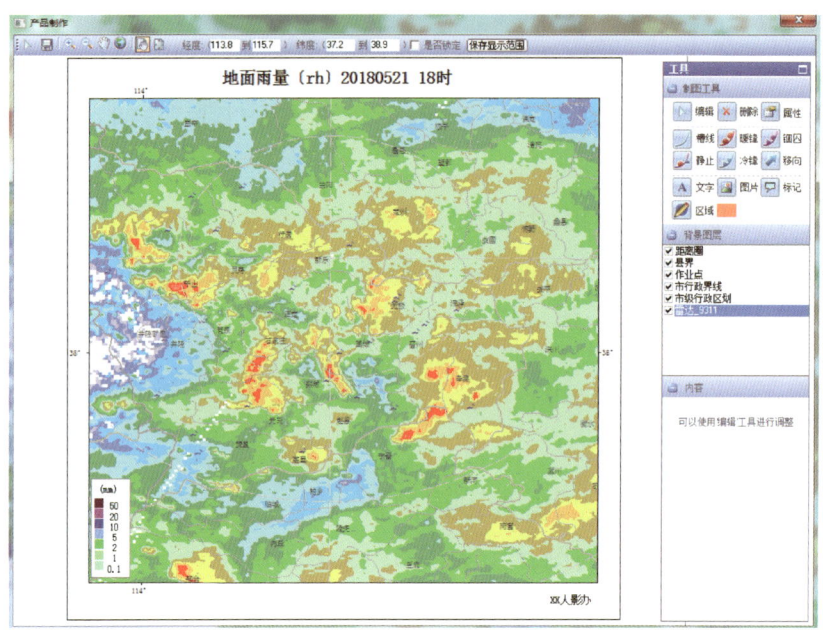

图 3.19.2

3.20 空间查询

1. 在工具栏中单击"[图标]"按钮,如图 3.20.1 所示。

图 3.20.1

2. 光标变成"[图标]",在数据显示区内按下左键后移动鼠标拖画任意大小的框体(框体线条为黑色),如图 3.20.2 所示。

3. 松开左键结束,所选区域内的信息(作业点,行政区划界限等)变成红色显示,同时在查询信息框中列出详细信息。如图 3.20.3 所示。

4. 在索引信息框中列出了包含在拖画框体中的作业点、省行政界线、市行政界线、全国经纬线等信息。点击上述信息类别前的"+"展开列表,然后单击其中的某一条信息时,详细信息框中显示该条信息的详细情况,同时在数据显示区中的该条信息会通过闪烁的方式提示所选信息的位置。如图 3.20.4 所示。

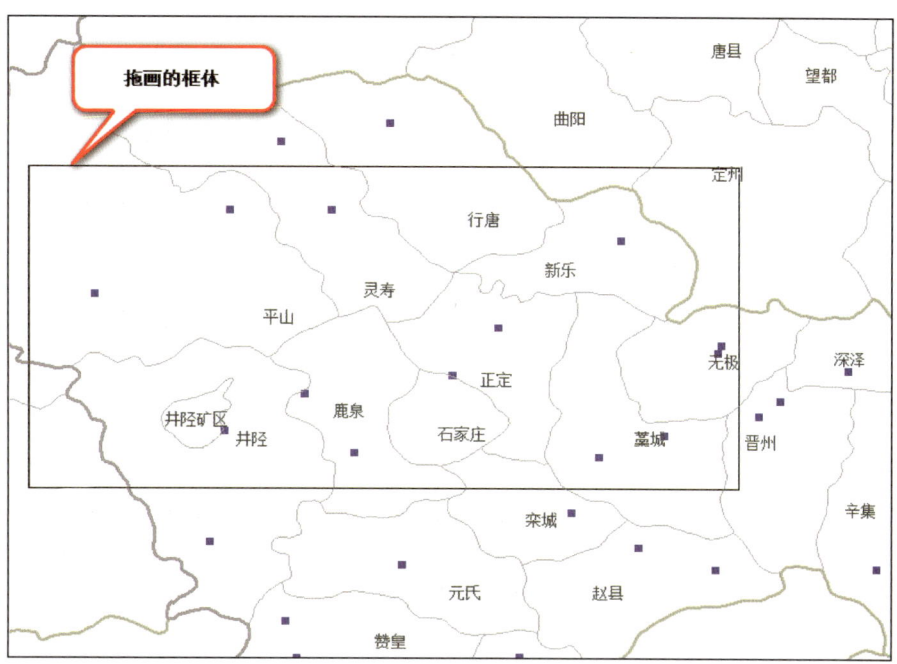

图 3.20.2

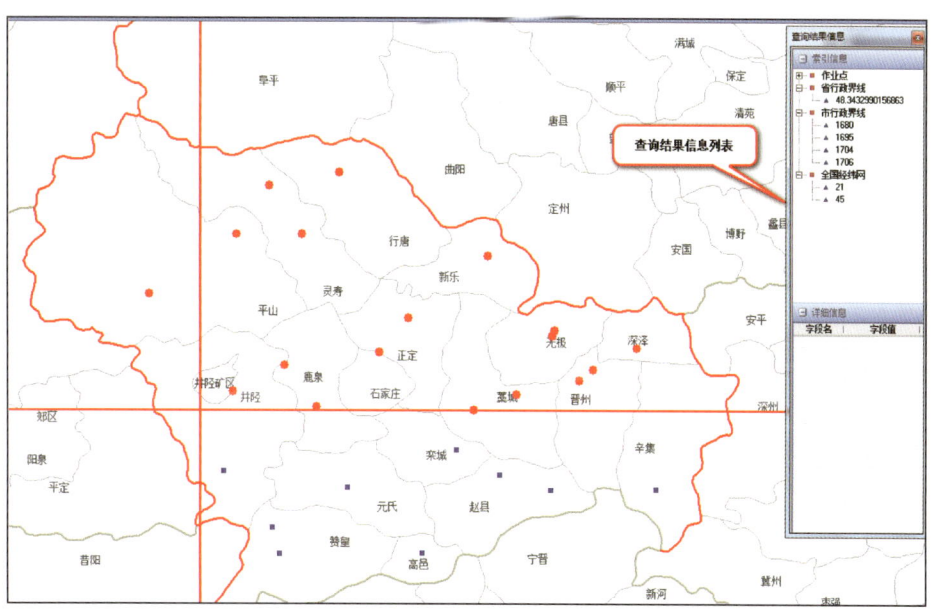

图 3.20.3

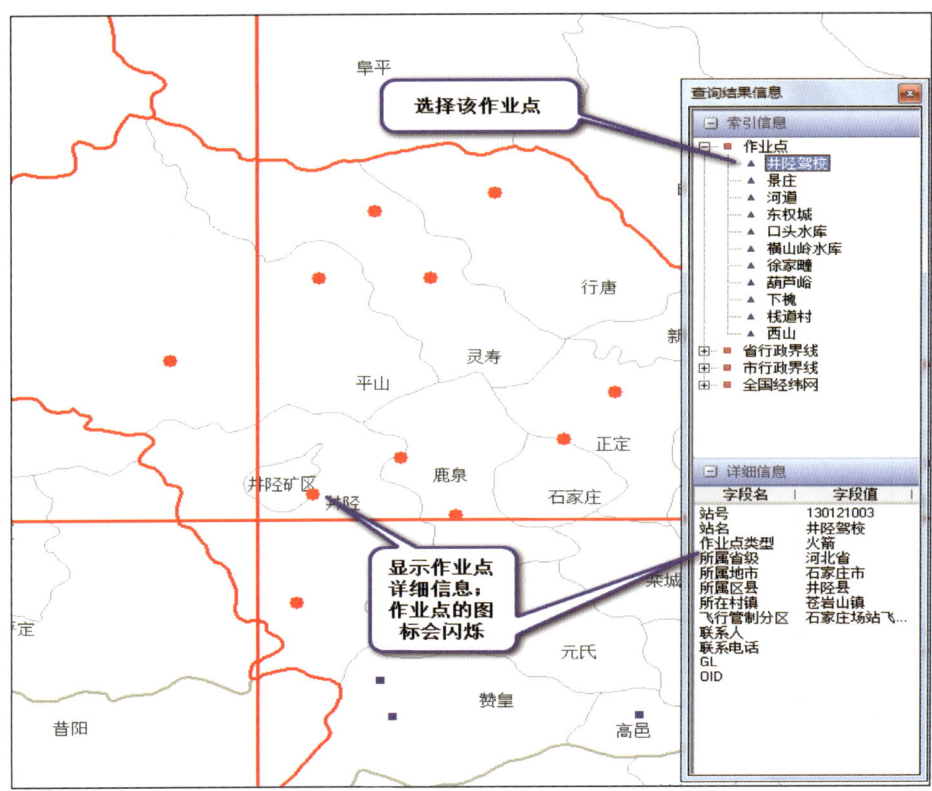

图 3.20.4

第 4 章 业务流程

本章在简要介绍人影"五段式"业务流程的基础上,着重介绍了市、县两级业务人员依托本系统完成相关业务任务的工作流程和具体操作方法。有助于业务人员从人影业务流程的宏观角度更好地掌握系统的功能用处和业务应用价值。

4.1 作业指挥业务流程简介

根据《河北省空地一体化人工增雨防雹作业体系建设方案》的目标要求,全省要建成以省级为核心、市县级为支撑、作业单位为基础,全省统一组织和决策指挥,省、市、县、作业点四级联动,空地作业相互配合、协调互补的空地一体化人工增雨防雹作业体系。其中地面作业指挥业务流程包括五个业务时段:作业天气过程预报和作业计划制定(72～24小时);作业条件潜力预报和作业预案制定(24～3小时);作业条件监测预警和作业方案设计(3～0小时);跟踪指挥和作业实施(0～3小时);作业效果评估(作业后)。

在不同的业务时段内,省、市、县、作业点四个层级各自承担不同的业务任务。如图4.1.1所示。

4.2 市级业务流程

市级人影业务流程的五个业务时段及任务,如图4.2.1所示。

72～24小时业务任务:接收省级人影业务机构下发的天气过程报和作业计划,并根据天气形势和作业需求,制定本地区的作业计划,并下发至县级相关作业单位。

24～3小时业务任务:参考省级人影业务机构下发的潜力预报和作业预案。利用模式产品分析本地区的作业潜力,制作潜力预报报和作业预案,并下发至县级相关作业单位。

3～0小时业务任务:利用卫星数据、卫星反演产品等监测数据分析、识别作业

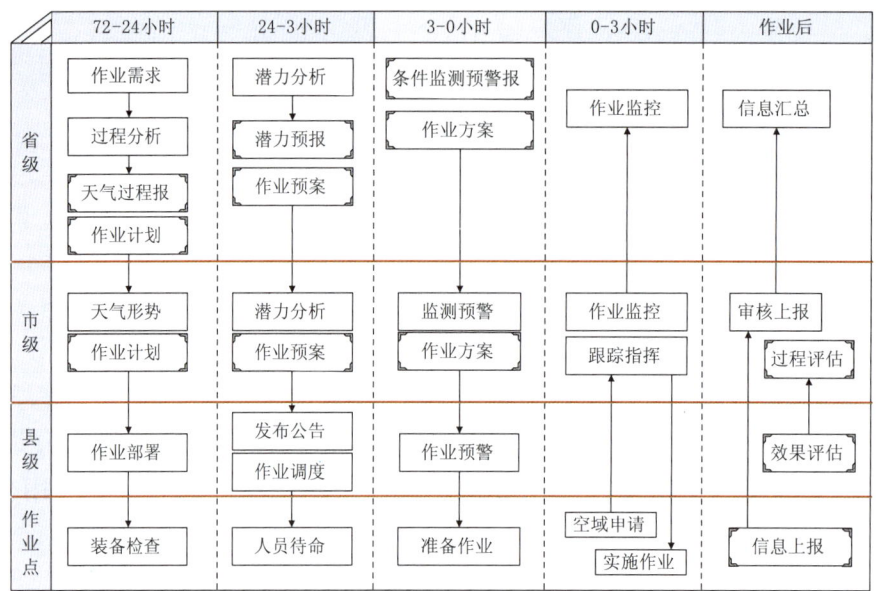

图 4.1.1

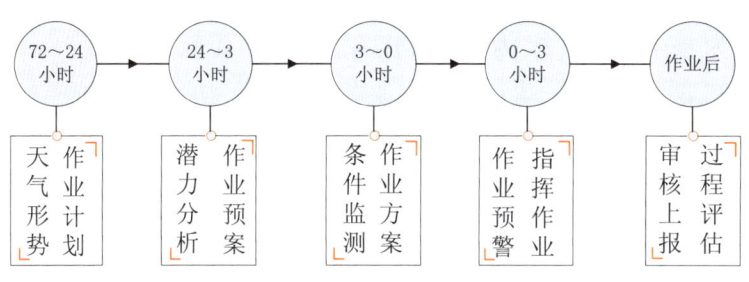

图 4.2.1

目标区,并制作条件预警报;参照省级人影业务机构下发的作业方案制定本地区的作业方案,并将条件预警报和作业方案下发至县级相关作业单位。

0~3 小时业务任务:利用雷达和闪电等数据实时跟踪天气系统,及时发出作业预警和作业参数,并根据空管部门批复的作业时限全程监控、指挥作业点实施作业。

作业后业务任务:及时审核、统计上报的作业信息;开展作业效果评估(物理检验和统计检验),并将总结材料报送至相关部门。

4.2.1 作业潜力分析

模式产品的显示和剖面分析的详细操作方法参照第 2 章和第 3 章的相关内容,在此不再赘述。

4.2.1.1　潜力区自动识别指标设置

提示：设置模式产品的判别指标值，是为系统自动识别增雨（防雹）潜力区提供判断依据。

1. 选择"作业潜力预报→模式指标选取"菜单，弹出模式产品指标管理对话框。如图 4.2.2 所示。

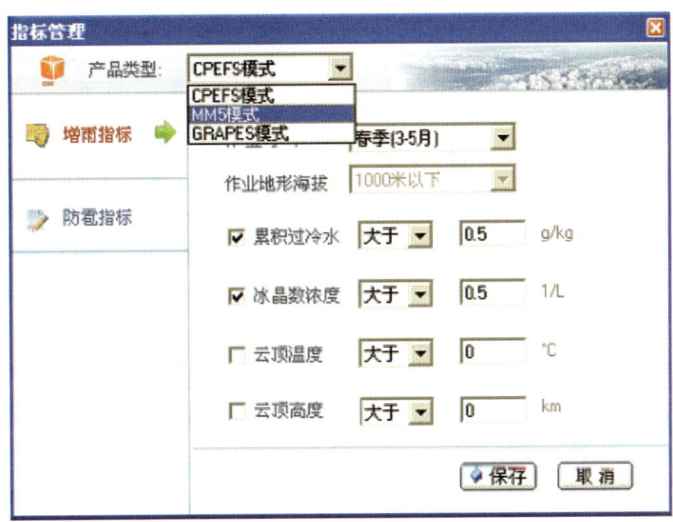

图 4.2.2

2. 在产品类型下拉菜单中选择 MM5 模式或 GRAPES 模式。

3. 根据作业目的选择"增雨指标"或"防雹指标"。

4. 在作业季节下拉菜单中选择：春季（3—5 月）、夏季（6—8 月）、秋季（9—11 月）、冬季（12—2 月）。

5. 根据实际设置"累计过冷水""冰晶数浓度""准饱和区""冰水转化区"中单个或多个判别指标的阈值。

6. 设置完成后点击"保存"按钮。

提示：模式产品判别指标需根据历史资料汇总分析得出，而且要符合本地天气系统的特点。

4.2.1.2 潜力区识别和交互判定

> **提示：** 模式产品数据已加载显示。

1. 选择"作业潜力预报→潜力区自动识别"菜单，系统自动识别当前时次数据并生成潜力区产品。如图 4.2.3 所示。

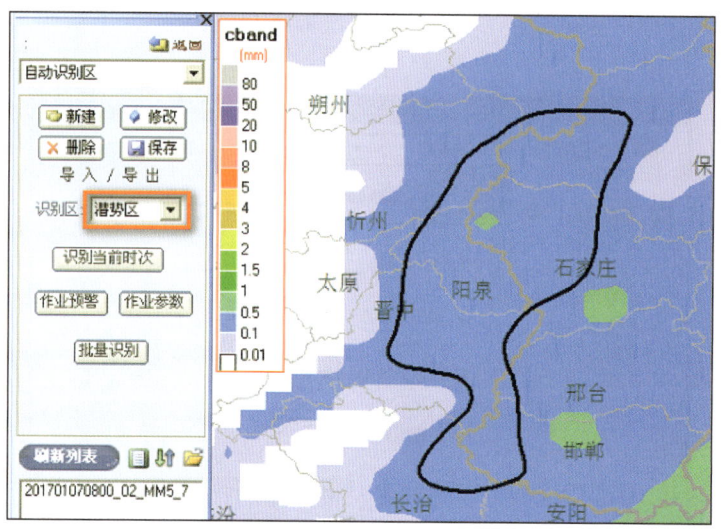

图 4.2.3

2. 根据需要对潜力自动识别区进行编辑。如图 4.2.4 所示。

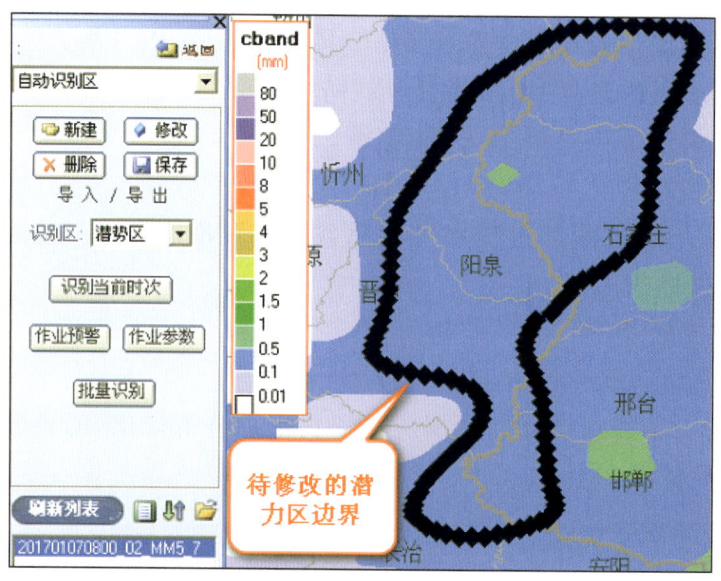

图 4.2.4

(1)在数据面板点击"修改"按钮,然后在需要修改的潜力区上双击左键,显示潜力区的边界节点。然后可以对节点进行移动、删除、添加等操作。

(2)点击数据面板上的"保存"按钮,保存修改后的潜力区识别结果。

(3)点击数据面板上的"删除"按钮,删除潜力区识别结果。

3. 对潜力区进行交互修订。

(1)选择"作业条件预警→潜力区交互修订"菜单。在数据面板中点击"新建"按钮,弹出设置潜力区文件名称的提示信息框,输入文件名后点击"确定"按钮。如图 4.2.5 所示。

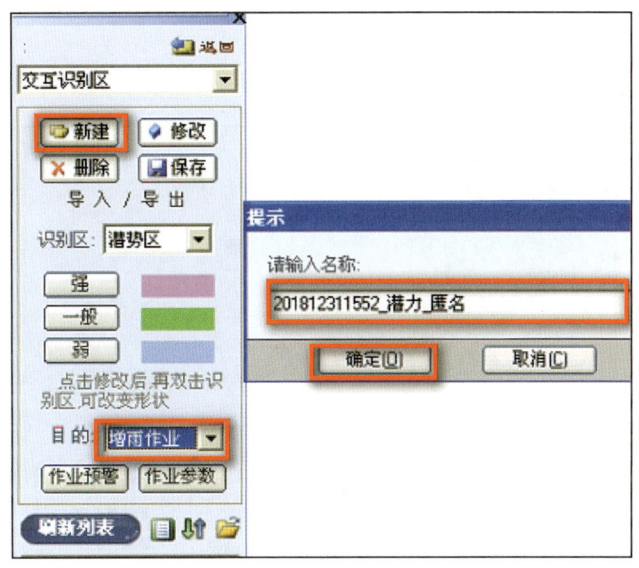

图 4.2.5

(2)在数据列表中双击左键选择新建的潜力识别区文件,然后在数据面板中点击"弱"按钮,在数据显示区的相应位置点击左键开始,移动鼠标画线段,点击左键结束本线段的施画。重复此步骤,直至用线段完成一个闭合的区域,最后点击右键结束。施画的区域便是作业潜力弱的区域,并用"   "色块标示。

(3)按照上述步骤,依次完成作业潜力"强"和潜力"一般"的区域。然后点击数据面板上的"保存"按钮进行文件保存。如图 4.2.6 所示。

4. 若要对潜力区进行修改,则点击数据面板上的"修改"按钮,双击左键选择需要修改的潜力区,该区域显示边界节点。然后根据需要进行节点移动、节点删除、节点添加等操作。最后点击"保存"按钮保存修改后的潜力区。如图 4.2.7 所示。

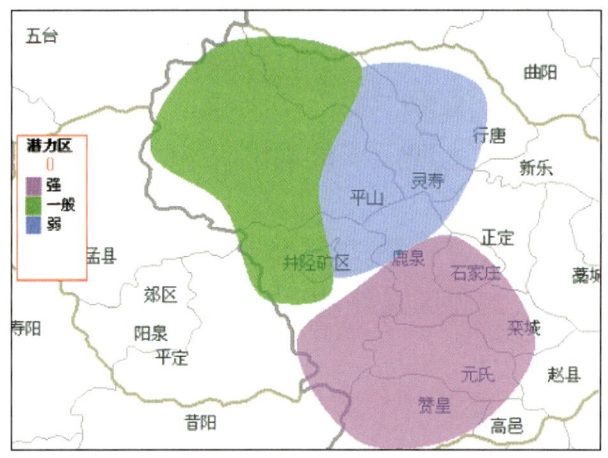

图 4.2.6

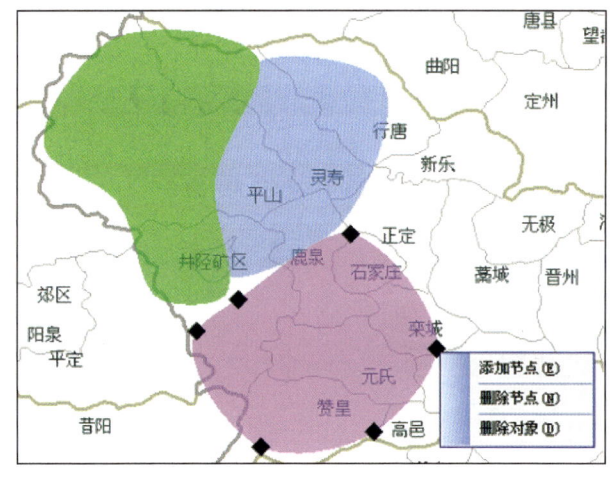

图 4.2.7

4.2.1.3 作业潜力预报制作

1. 选择"作业潜力预报→潜势预报制作"菜单,弹出制作对话框。如图 4.2.8 所示。

2. 填写标题、单位、期号、总期、编辑人、签发人;设置"预报日期";选择"业务类别"。

3. 在图片框上点击左键,弹出打开文件信息框,选择已经制作好的专题图片。

云系特征及演变分析:图 1→云带;图 2→垂直积累过冷水。

云垂直结构和作业条件分析:图 1→Qc,Ni and T;图 2→Qs+Qg,Qr and H。

作业区预报和作业建议:自动识别或交互修订的潜力区图片,以及作业指导意见。

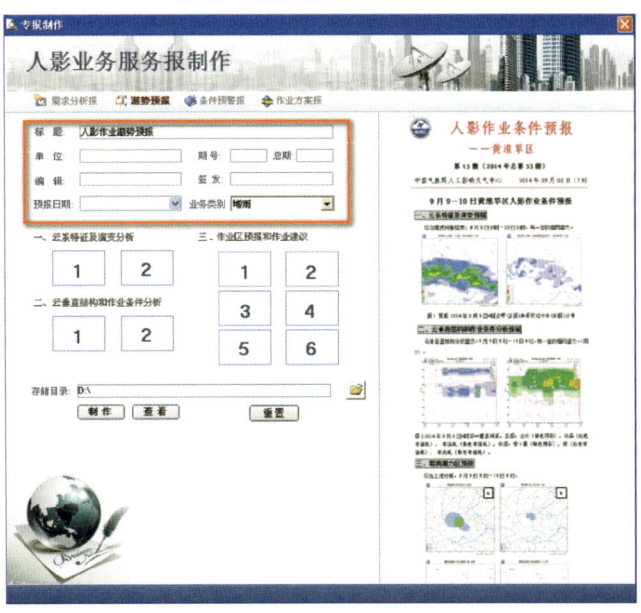

图 4.2.8

4. 设置存储路径,单击"制作"完成;点击"查看"打开制作完成的潜势预报,并可以根据需要进行修改。制作完成的条件预警报样例如图 4.2.9 所示。

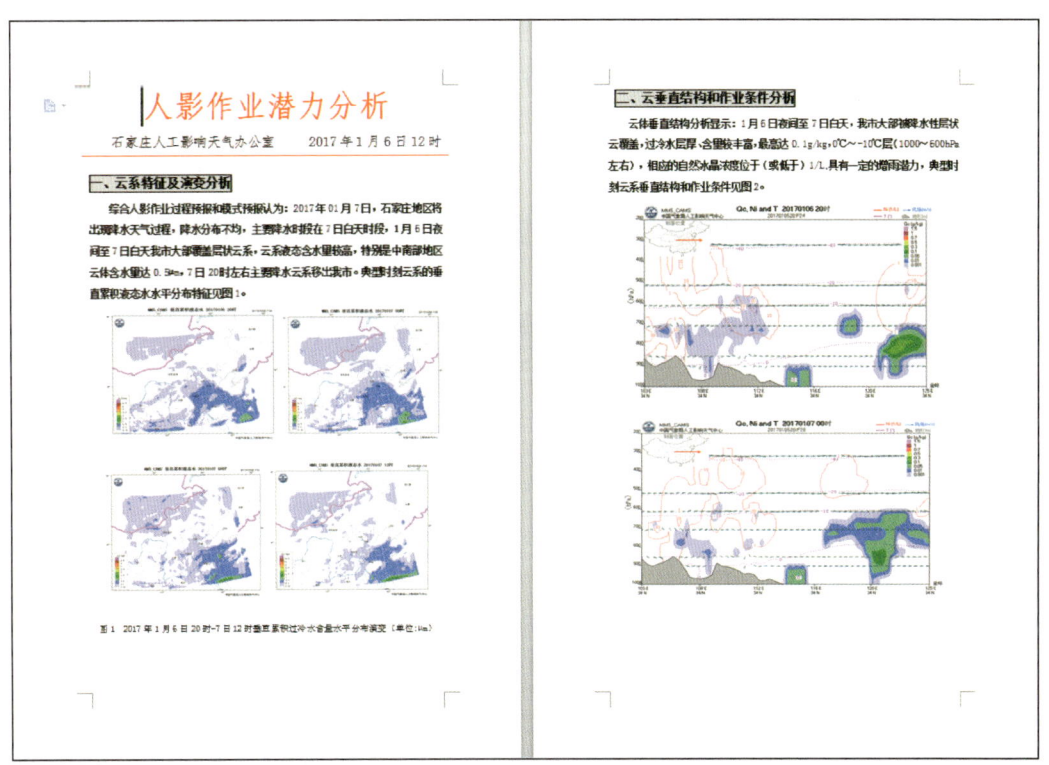

图 4.2.9

4.2.2 作业条件预警

4.2.2.1 监测数据产品显示与分析

云监测数据产品包括：卫星数据（云图）、卫星反演产品、雷达数据、雷达产品、雨量数据和探空数据。如图4.2.10所示。

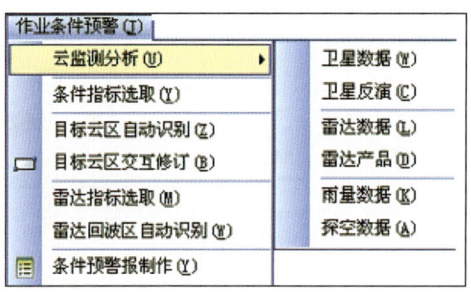

图4.2.10

上述监测数据产品的显示、分析的操作方法详见第2章和第3章的相关内容，在此不再赘述。

4.2.2.2 目标区自动识别指标设置

> **提示**：设置卫星反演产品指标的目的是为系统自动识别作业目标区提供判别依据。

1. 选择"作业条件预警→条件指标选取"菜单，弹出卫星反演产品指标管理对话框。如图4.2.11所示。

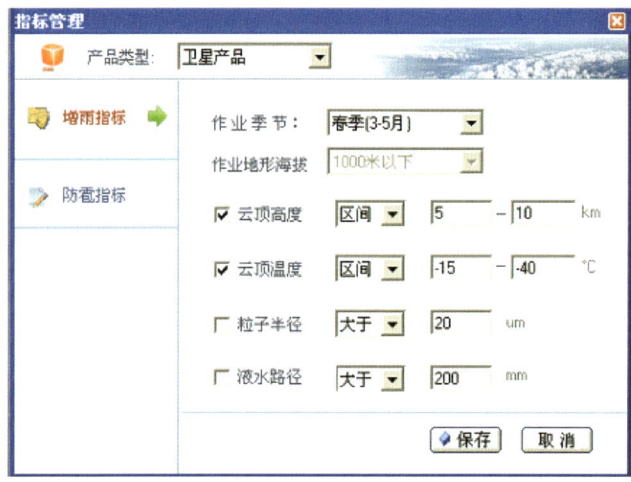

图4.2.11

2. 根据作业目的选择"增雨指标"或"防雹指标"。

3. 在作业季节下拉菜单中选择：春季（3—5月）、夏季（6—8月）、秋季（9—11月）、冬季（12—2月）。

4. 根据实际设置"云顶高度""云顶温度""有效粒子半径""液水路径"中单个或多个判别指标的阈值。

5. 设置完成后点击"保存"按钮。

提示： 卫星产品判别指标根据本地历史资料汇总分析得出。

4.2.2.3 目标区识别和交互判定

提示： 卫星反演产品产品数据已加载显示。

1. 选择"作业条件预警→目标云区自动识别"菜单，系统自动识别当前时次数据并生成云区自动识别产品。如图4.2.12所示。

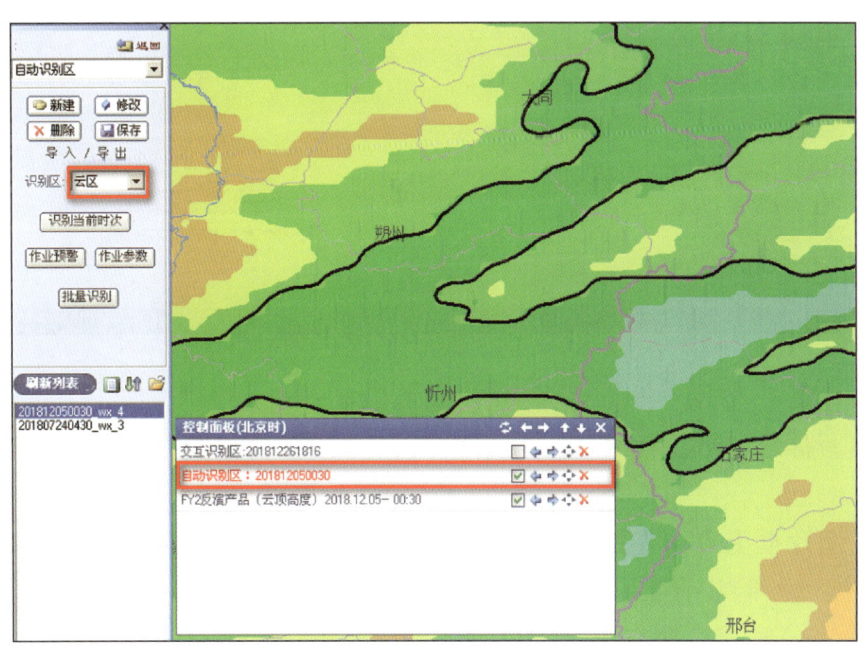

图 4.2.12

2. 根据需要对自动识别区进行编辑操作。详细操作方法可参考"4.2.1.2 潜力区识别和交互判定"中的"2. 根据需要对潜力自动识别区进行编辑操作"，在此不再赘述。

3. 对目标区进行交互修订。详细操作同"4.2.1.2 潜力区识别和交互判定"中"3. 对潜力区进行交互修订"。在此不再赘述。

4.2.2.4 条件预警报制作

1. 选择"作业条件预警→条件预警报制作"菜单,弹出专报制作对话框。如图4.2.13所示。

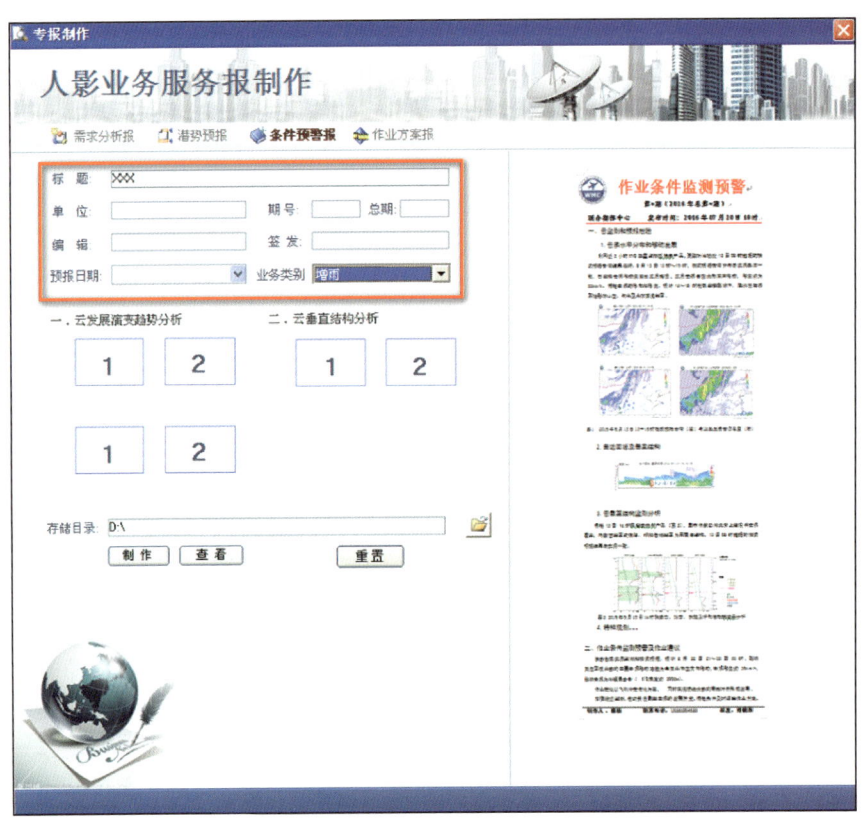

图 4.2.13

2. 填写标题、单位、期号、总期、编辑人、签发人;设置"预报日期";选择"业务类别"。

3. 在图片框上点击左键,弹出打开文件信息框,选择已经制作好的专题图片。

云发展演变趋势分析:图 1→云顶温度、图 2→光学厚度。
云垂直结构分析:探空数据、卫星反演产品、雷达数据空间的剖面分析图片。
作业条件预警及作业建议:识别的目标区域图片和文字。

4. 设置存储路径,单击"制作"完成;点击"查看"打开制作完成的潜势预报,并可以根据需要进行修改。制作完成的条件预警报样例如图 4.2.14 所示。

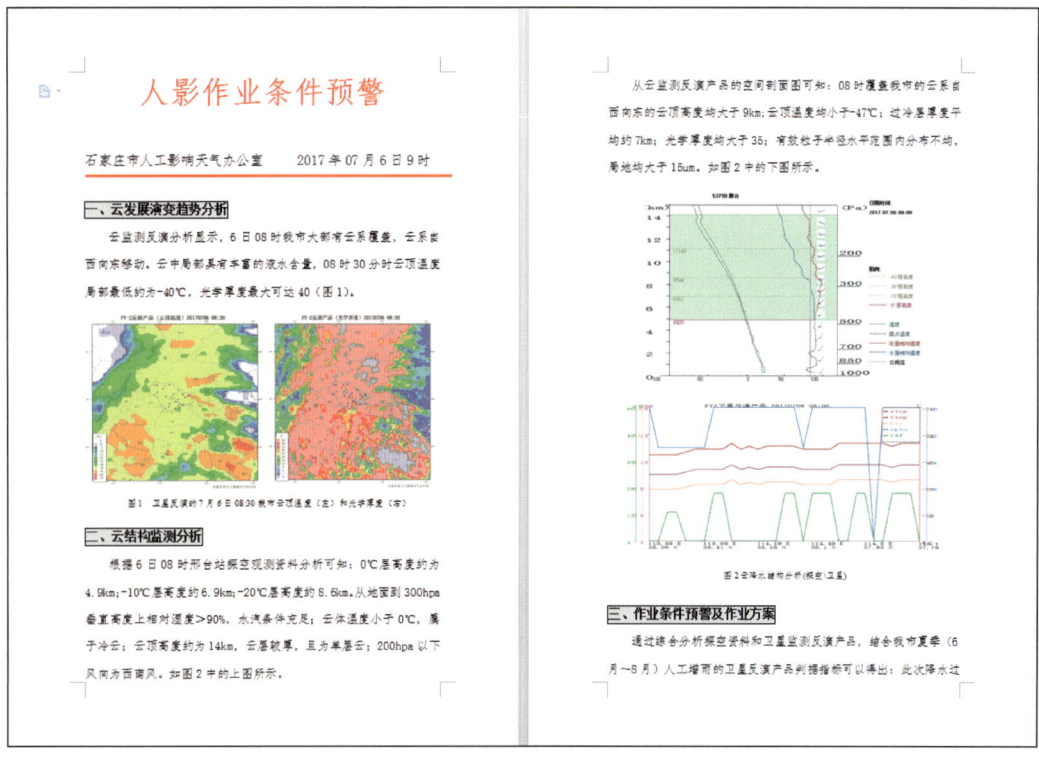

图 4.2.14

4.2.3 作业指挥

作业指挥主要是利用雷达实时数据向作业点发布作业预警信息和作业参数。系统菜单如图 4.2.15 所示。

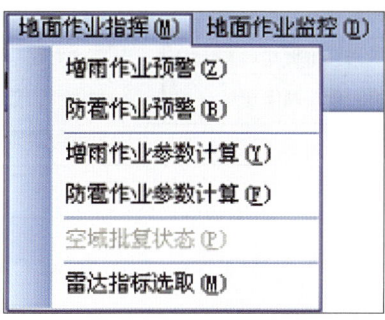

图 4.2.15

1. 增雨作业预警和防雹作业预警的详细操作方法参照"3.6 增雨作业预警"和"3.7 防雹作业预警",此处不再赘述。

2. 增雨作业参数计算和防雹作业参数计算的详细操作方法参照"3.8 增雨作

业参数计算"和"3.9 防雹作业参数计算",此处不再赘述。

4.2.4 效果检验

作业效果检验包括物理检验和统计检验。其中物理检验是通过对作业区和对比区进行云参数对比、雷达回波对比、雨量对比分析的方式客观分析人影作业效果;统计检验是通过对作业区和对比区进行作业前后的累计雨量统计计算的方式分析作业效果。

4.2.4.1 作业效果物理检验

1. 根据需要加载显示相应的监测数据(卫星反演产品、雷达数据、雨量数据)。详细操作方法分别参照"2.4 雷达数据显示""2.5 雨量数据显示"和"2.10 卫星反演产品显示",此处不再赘述。

提示: 物理参量对比分析时,首先要加载相应的监测数据。

2. 制作作业区和对比区。详细操作方法参照"3.10 影响/对比区确定"。
3. 选择"作业效果物理检验→直观对比分析→雷达对比或雨量对比或云参数对比"菜单。如图 4.2.16 所示。详细操作方法参照"3.14 直观对比分析"。

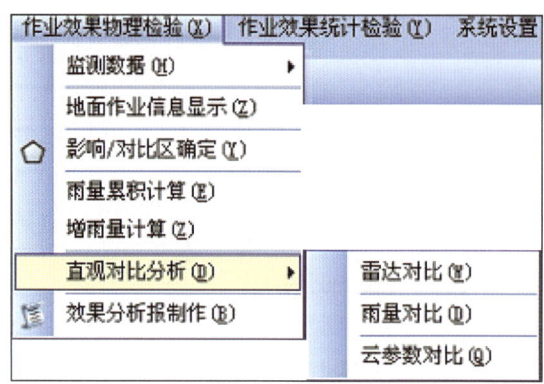

图 4.2.16

4.2.4.2 效果分析报制作

效果分析报的制作方法参照"3.15 效果分析报制作"。

4.2.4.3 作业效果统计检验

1. 制作作业区和对比区。详细操作方法参照"3.10 影响/对比区确定"。
2. 选择"作业效果统计检验→区域对比分析"菜单,如图 4.2.17 所示。

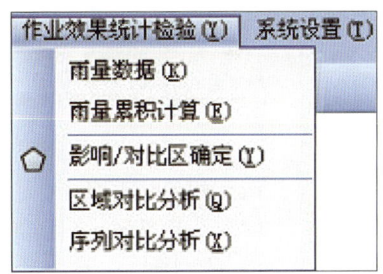

图 4.2.17

> **提示：**"区域对比分析"和"增雨量计算"的操作结果一致，详细操作方法也可参照"3.13 增雨量计算"。

（1）在对话框的"区域选择"下拉菜单中选择"作业/对比区"，使用已经加载的"作业/对比区"作为计算区域；选择"行政区"，选择相应的行政区作为计算区域。如图 4.2.18 所示。

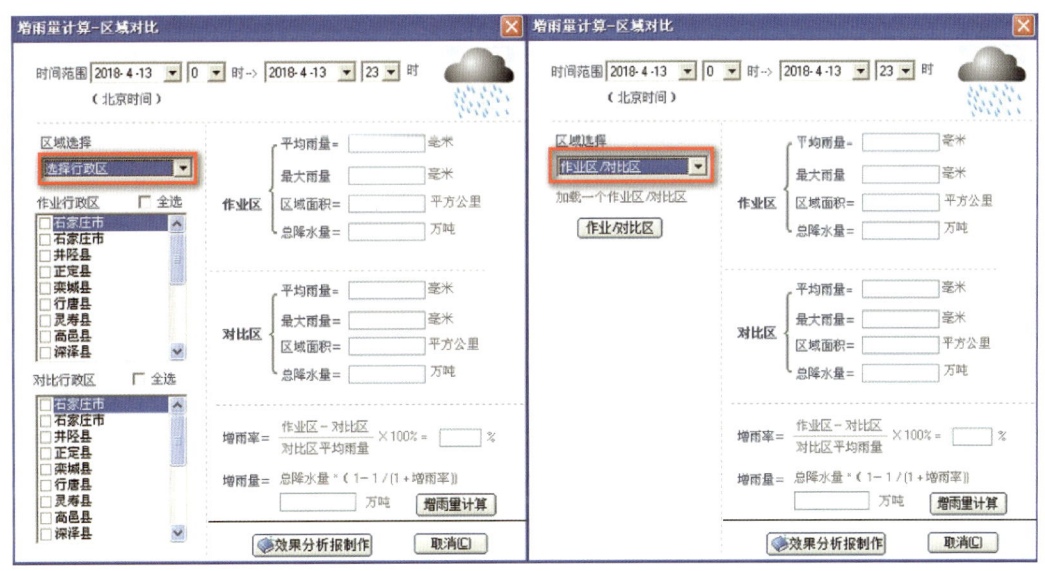

图 4.2.18

（2）设置区域分析的雨量统计时间范围。

（3）点击"增雨量计算"按钮，显示计算结果。作业/对比区的区域对比计算结果如图 4.2.19 所示。

4. 选择"作业效果统计检验→序列对比分析"菜单，弹出"增雨量计算-时序对比"对话框。

116　人工影响天气作业分析决策指挥系统市县级使用手册

图 4.2.19

（1）在对话框的"区域选择"下拉菜单中选择"作业区/对比区"，使用已经加载的"作业区/对比区"作为计算区域；选择"行政区"，选择相应的行政区作为计算区域。如图 4.2.20 所示。

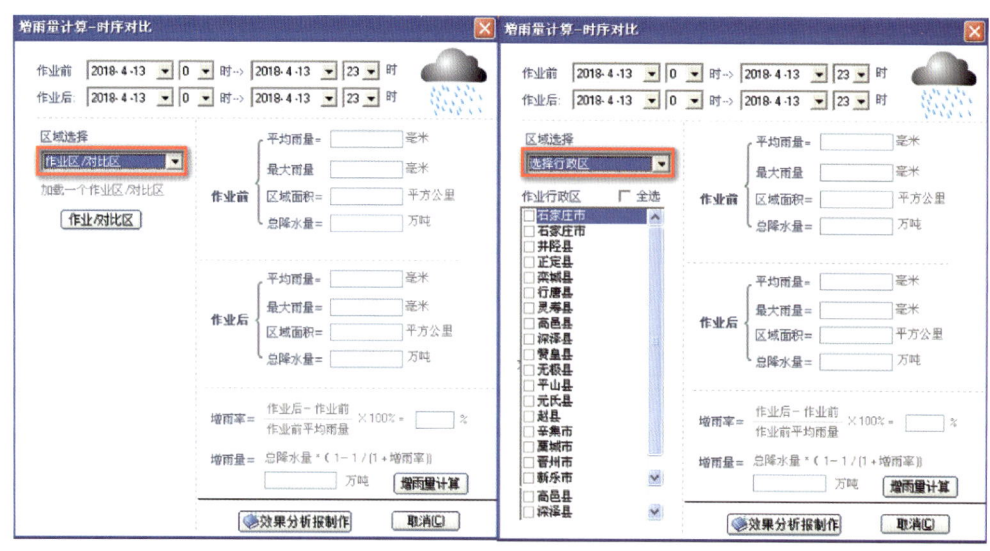

图 4.2.20

（2）设置"作业前"和"作业后"的时间范围。
（3）点击"增雨量计算"按钮，自动计算出作业前和作业后的平均雨量、最大雨量、区域面积、总降水量,以及增雨率、增雨量等数值。作业区/对比区的时序对比计算结果如图 4.2.21 所示。

图 4.2.21

4.3 县级业务流程

县级人影业务流程的五个业务时段及任务,如图 4.3.1 所示。

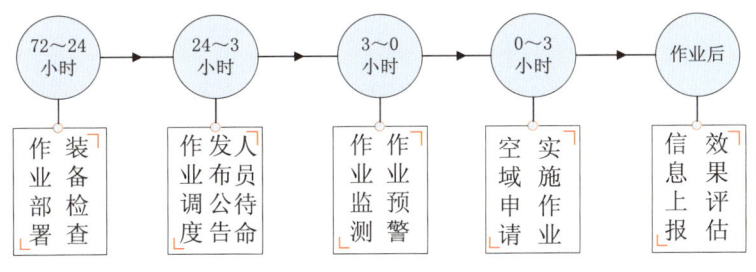

图 4.3.1

72~24 小时业务任务:依照市级人影业务机构下发的作业计划,做好作业装备检查,确保作业装备状态良好。

24~3 小时业务任务:依照市级人影业务机构下发的作业预案,根据需要发布作业公告,并安排作业人员进入待命状态,准备充足的弹药。

3~0 小时业务任务：接收市级人影业务机构下发的作业条件监测预警报和作业方案，并根据雷达资料实时监测天气系统，指示作业人员装填弹药，随时准备作业。

0~3 小时业务任务：按照市级人影业务机构的作业指令，提出空域申请，空域批复后实施人影作业。

作业后业务任务：及时上报作业信息，并按时完成作业效果评估和上报工作。

4.3.1 作业预警

作业预警包括：增雨作业预警和防雹作业预警。利用雷达实时监测数据进行自动识别，并计算出预警参数。具体操作方法详见"3.6 增雨作业预警"和"3.7 防雹作业预警"。

4.3.2 效果评估

作业效果检验包括物理检验和统计检验。其中物理检验是通过对作业区和对比区进行雷达回波对比、雨量对比分析的方式客观分析人影作业效果；统计检验是通过计算作业区和对比区的累计雨量，得出增雨量和增雨率等参数表征增雨作业效果。详细操作方法参照"4.2 市级业务流程"中的"4.2.4 效果检验"，在此不再赘述。

效果分析报的制作方法详见"3.15 效果分析报制作"。

附录 A 数据源路径

雷达、探空和自动站、卫星云图、卫星反演产品以及模式产品资料的存放路径,如图 A.1—A.7 所示。

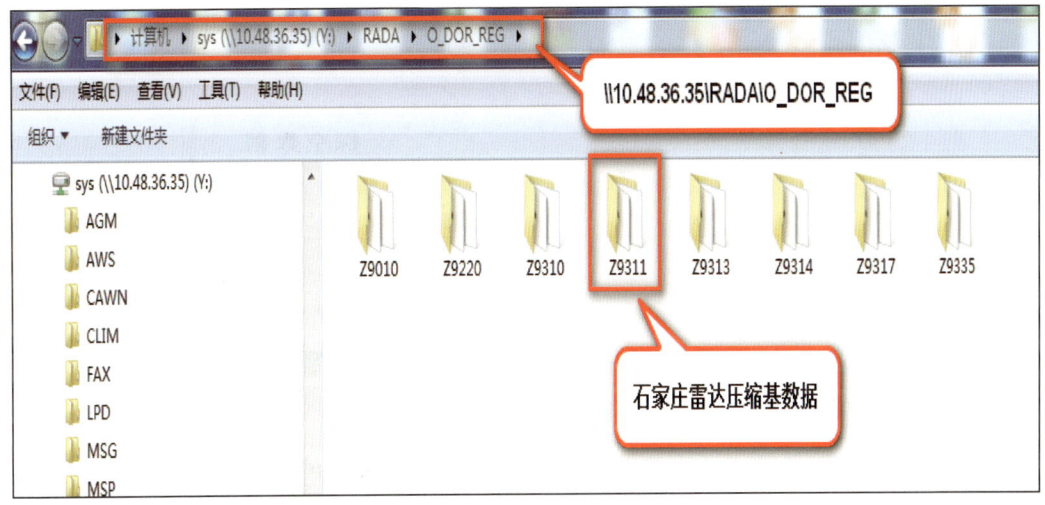

图 A.1

文件夹"Z9311"中存储时长为 4 天的石家庄雷达压缩基数据。每个压缩基数据的命名规则如图 A.2 所示。

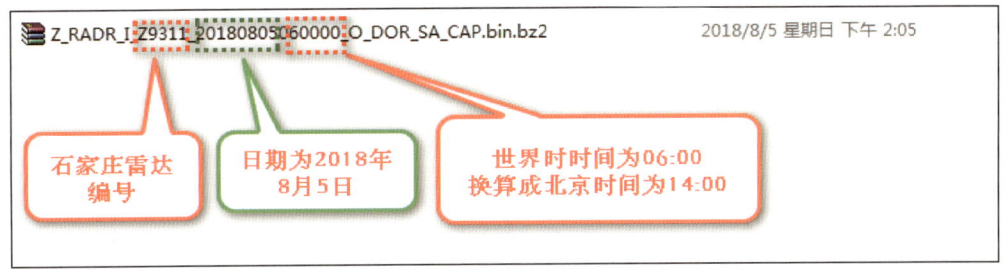

图 A.2

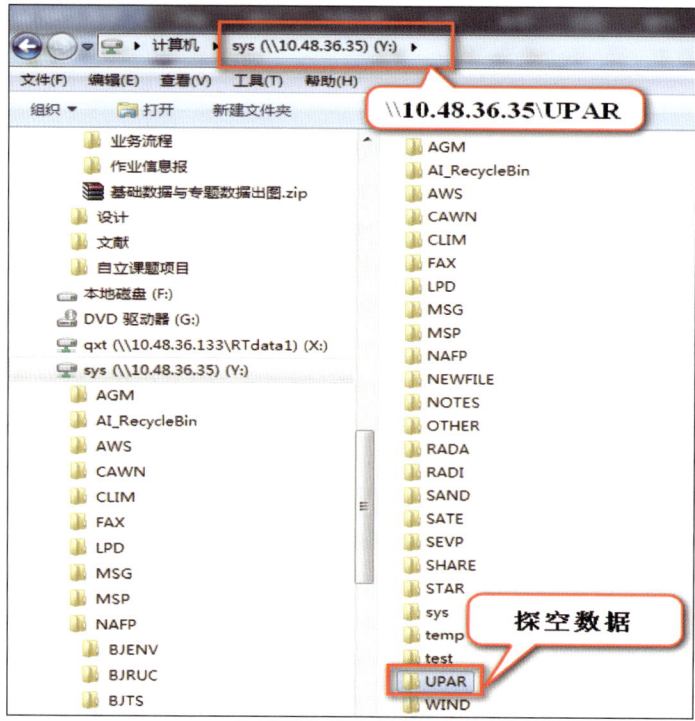

图 A.3

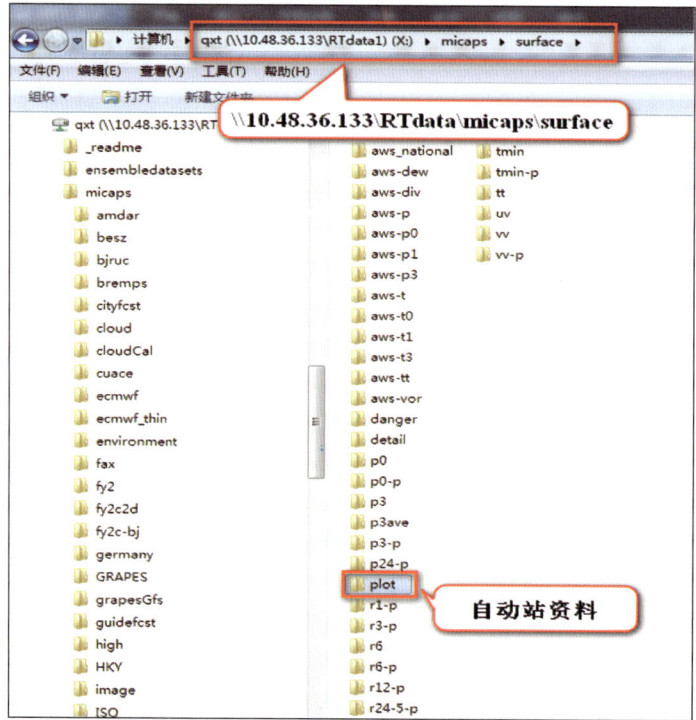

图 A.4

附录 A 数据源路径

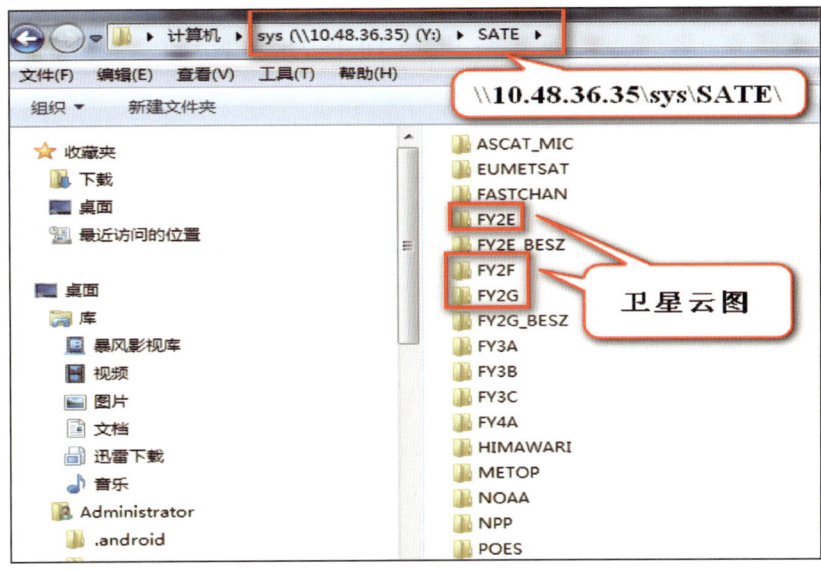

图 A.5

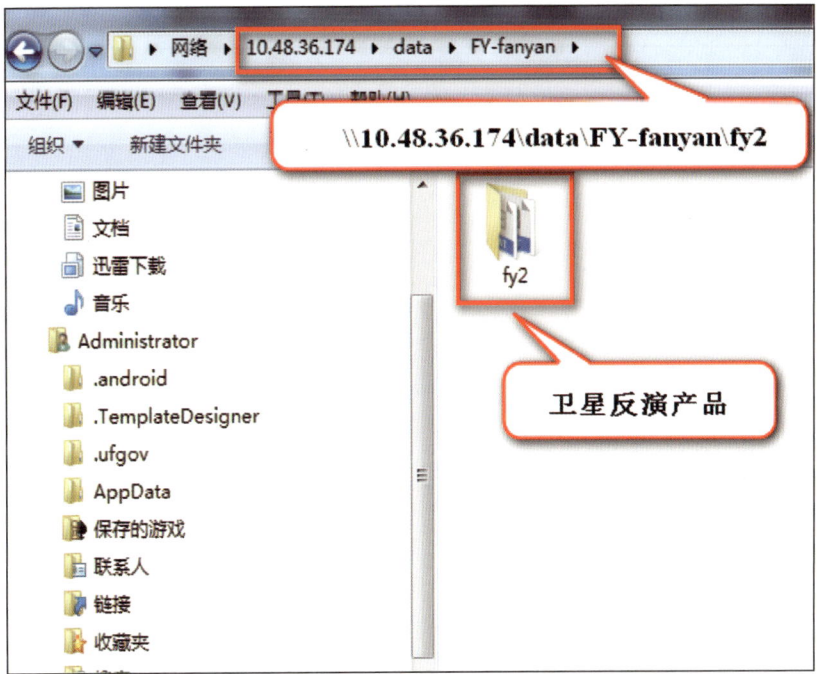

图 A.6

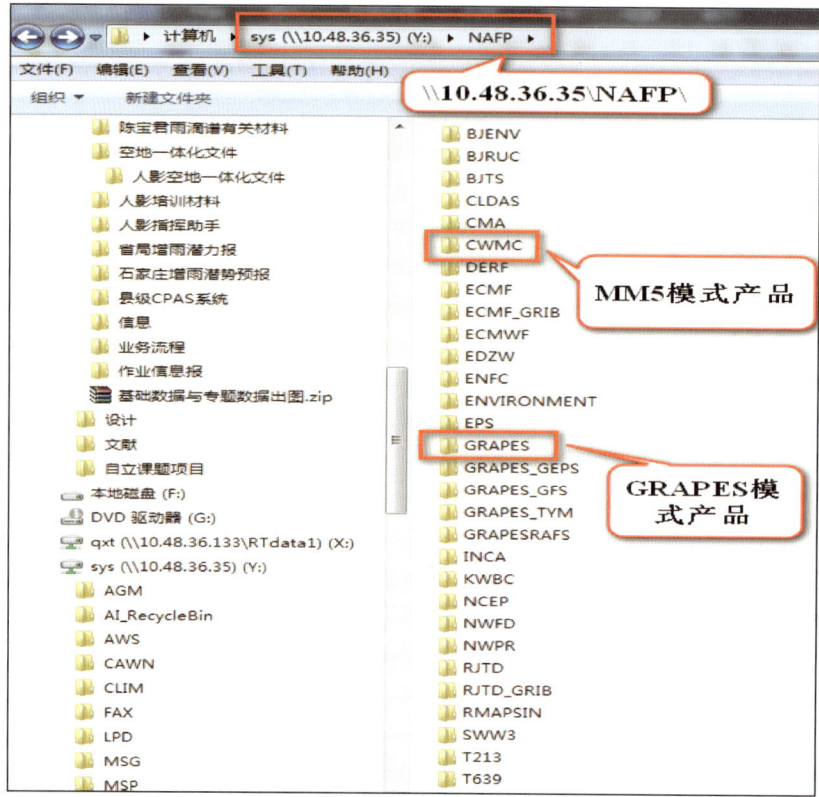

图 A.7

附录 B　常见故障

故障现象 1：启动"云降水精细分析"系统或"数据采集"系统时显示软件认证失败，如图 B.1 所示。

图 B.1

故障原因及处理方法：系统没有检测到 U 盘加密狗。在计算机上插入 U 盘加密狗，并重新启动软件即可。

故障现象 2：安装"云降水精细分析"系统时显示如图 B.2 所示的提示信息。

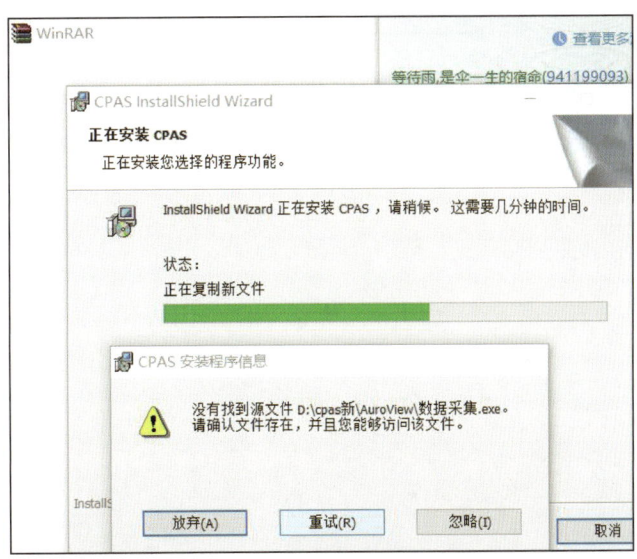

图 B.2

故障原因及处理方法:杀毒软件删除了相关文件。在杀毒软件中进行信任文件设置,并重新安装本系统即可。

故障现象 3:启动"云降水精细分析"系统时显示如图 B.3 所示的提示信息。

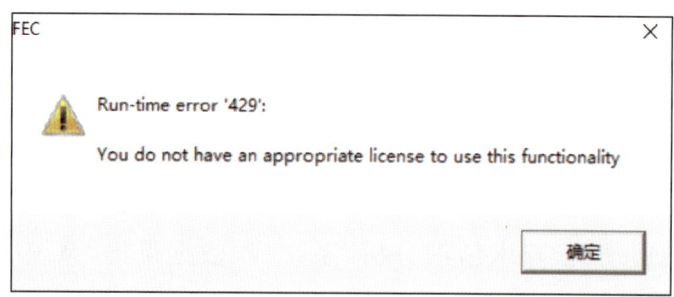

图 B.3

故障原因及处理方法:没有安装 all.ecp。在 EngineRT 目录下,双击 all.ecp 安装即可。

故障现象 4:操作数据采集系统的"数据查询"和"个例收集"功能时显示如图 B.4 所示的提示信息。

图 B.4

故障原因及处理方法:此类故障属于系统设计缺陷,需联系厂家技术人员解决。

附录 C 人影年度作业公告模板

根据县（市）委、县（市）政府关于人工增雨（增雪、防雹）的安排部署，为了保证人工增雨（增雪、防雹）作业区域内广大人民群众的人身、财产安全，根据国务院颁布的《人工影响天气管理条例》第十二条和《河北省人工影响天气管理办法》的有关规定，现公告如下：

一、我县（市）作业点位于××乡（镇）××村，坐标位置：×××°××′××″E、××°××′××″N，作业装备为××××型火箭。

二、××月××日至××月××日为人工影响天气作业期，在此期间若有适宜的天气过程均可能进行火箭人工增雨（增雪、防雹）作业。

三、作业点半径 15 千米圆形范围内为落弹区域，作业期间应尽量不要进入此区域。作业时请勿靠近围观，以免发生意外伤害。

四、火箭弹属易燃易爆的危险品，若发现未爆炸的火箭弹及残骸，为了您和他人的人身安全，切不可捡拾，更不能私自处理（如敲打、拆卸、玩耍等）。要及时与县（市）人工影响天气主管机构或当地派出所联系，以便妥善处理。县（市）人工影响天气办公室电话：××××××××××。

五、对违反上述公告内容而造成事故的，将按照有关规定严肃追究当事人的责任。

特此公告

××县人工影响天气办公室

××××年××月××日

附录 D　人影作业公告模板

　　为减缓旱情(增加土壤墒情;降低森林火险等级;增加水库蓄水量;净化空气;减少冰雹对农作物造成的损失等),××县(市)人工影响天气办公室拟于××××年××月××日,在××乡(镇)××村作业点组织实施人工增雨(增雪、防雹)作业。作业影响范围为以作业点为中心,半径 15 千米内的行政区域。作业期间应尽量不要进入此区域。

　　作业时请勿靠近围观,以免发生意外伤害。若发现人工增雨作业火箭弹残骸或故障弹,请勿靠近,需立即向当地气象局或派出所报告。切不可擅自拆除、搬动或储藏。县(市)人影办电话:××××××××。

　　特此公告

××县(市)人工影响天气办公室

××××年××月××日